盆景

石万钦 著

中国林业出版社

图书在版编目（CIP）数据

盆景十讲 / 石万钦著 . — 北京 : 中国林业出版社，2017.12
ISBN 978-7-5038-9389-6

Ⅰ. ①盆…　Ⅱ. ①石…　Ⅲ. ①盆景—观赏园艺　Ⅳ. ① S688.1

中国版本图书馆 CIP 数据核字（2017）第 297290 号

责任编辑：张　华　何增明

出版	中国林业出版社（100009　北京西城区德内大街刘海胡同 7 号）
	电话：（010)83143566
发行	中国林业出版社
印刷	固安县京平诚乾印刷有限公司
版次	2018 年 2 月第 1 版
印次	2018 年 2 月第 1 次
开本	148mm×210mm　1/32
印张	5.5
字数	150 千字
定价	29.00 元

自序

　　面对今天国内外盆景人与爱好者，对中国盆景文化的求知求索的发问：盆景为何出现在中国？中国人何以喜欢盆景？两千年艺术传承依托的是什么？盆景与人关系的文化本质？盆景美在何处？庭园与盆景理念的异同？盆中之景制作的原则与要领？如何欣赏与评价中国盆景？盆景何以成为世界文化现象？……这些纷至沓来的各式寻思与求索，令我一时之间也应接不暇地致使大脑"缺路"。于是我时常伫立书斋窗前眺望逶迤的西山山脉，或长时地端详屋隅的木山盆景，抿上几口清茶沉浸于命题的思考，思想久了，渐渐地理出头绪。我认为，应当从现实中寻觅那些被人们习以为常地运用着，包括至今尚未明言的文化理论与多年来予盆景的"生命体验"，也就是从已有的艺术现象和个人的实践，依自己内心的"悟道"，求索艺术的真谛。当然还有那些未曾写入"书卷"，诸多不以为然的感知、感觉和感想。那些看似明了，又不甚清晰的话题，用什么样的表达方式和语言述说来说明白、讲清楚，这一切都是我的思考。渐渐地，独自观景思索与闲暇写作成了我的一种生活方式，也因此会友、觅知音。

当今由于互联网搜索引擎的强大功能，随时随地查找相关知识易如反掌，况且还有那么多的盆景书籍和专业刊物。人们需要的似乎不再是平铺直叙的教材式读物，而是需要可以给大家带来文化思考和某种启发的书籍。人们想知道写作者对某个问题、某种现象的真知见解和看待同一事物的不同角度。我这样想也就这样地行动着，例如本书以释说"埏埴藏雅"词语字面含义背后的故事，讲千百年来中国盆景人的心领神会地不以为然地艺术追求，全为内心一个至高至远审美理想的存在，却又从未指明点破。一层"窗户纸"的效果，让盆景艺术两千年容颜不衰，这其中的秘诀在于国人心中审美情趣的传递、审美标准的传承、民族文化基因的遗传。事物说出来的、已知的是科学，未言明、未写出的以为是"秘籍"，我这样认为并记录。

渐渐地有了写作的思路与朦胧的语言表述"格调"，打开电脑试着写了点什么后，一下有了感觉，有了写下去的兴趣，在写出的题目中理出基本的思路且臆想着拟写文章的"风格"。于是一发不可收地伏案疾书，亦就有了茶饭不香、亢奋难眠的日日夜夜。

书中以盆景为世界文化现象的说法，借陶瓷传世为例讲述盆景文化传播之眺望。千百年来盆景人以盆景艺术为载体、以盆景文化为媒介履行着向世界范围传递爱，传递爱树、爱树林、爱自然的使命，成为传播中国文化的"使者"。有了这样的想法，盆景人的责任与使命感驱使我笔随心动地一口气讲了十个基本话题，内中涉及有关盆景技艺的、文化的诸多内容；讲述了与多位中国盆景界名人、艺术大师的交往经历，以极少的笔墨勾勒出他们的音容笑貌，描绘着他们的艺术人生，讲述他们各自对盆景艺术的言行。

书中写出了一些曾经思考许久，但一直没有机会与友人分享的话题，且借以"十讲"的方式和盘托出，以飨读者与盆景同仁。书中说了国人何以喜欢盆景艺术的心理分析和盆景何以诞生在中国的古老话题，整理出盆景关乎人身心的若干理由或原因，包括民族文化基因的传承；读文学巨匠曹雪芹在《红楼梦》书中对盆景细微的描述，借书中清代盆景称谓讲起，介绍中国盆景称谓的演变历程，展开一部盆景文化简史；"埏埴藏雅"词语的释义，关于盆景审美理想的研究，一个少有议论却关乎盆景艺术千年容颜不衰的课题；区别人在庭园、山野的身游，人予盆景的欣赏有穿越时空般地"神游"，中国传统艺术美学特征亦为盆景的魅力所在，国人千百年乐此不疲的原因所在；试说盆景树相的"清、奇、古、怪"，讲品鉴与展评的创新，研讨当今盆景艺术纷纭，主旨为盆景制作营造更活跃、更利于发展的艺术环境；以盆中树桩的"形、势、态"营造"动"与"静"的韵律，强调唯"曲"为美的盆景技艺特征，视为树桩制作"秘技"；盆景与盆栽的文化比较，恰似"飞天"仙女与"胜利女神"的相遇，"树木清供"则为盆景与盆栽的文化交合，为汉民族"图腾"般树木情结的艺术形式与文化本质；两千年的世事变迁，盆景云卷云舒，传承有序，依托"大国文化气象"的支撑，艺术生生不息，借以探究今日向世界传播路径；从庭园与盆景的诞生和盆景文化的角度，试说盆景区别于庭园为人精神产物的特质，兼答日本盆栽大师须藤雨伯先生的提问；介绍盆景百科，确立"盆景你会做的"的话题；道出伺养盆景，收获的是"美与自由"，为一种修身养性且悠然风雅的生活方式等关于盆景美与审美的十个话题。

通俗直白的话题，有如森林边青草刚被踏伏的小径，只是为引导人们走进浩瀚的森林，去寻觅，去探索。真的非常期盼写出的文字，有助于上述盆景诸多询问的解答或解释，哪怕是仅仅说了点"皮毛"也好，至少引出了话题。有讨论，有研究，就有助于澄清事实，寻求结果，指出方向。

书中"盆景与盆栽的文化比较"一讲，对盆景与盆栽艺术作了简要的中西文化美学比较，有助于国际间盆景友人在文化对等条件下的艺术交流。读懂中国盆景、读懂盆景文化，才可以谈到真正意义上的艺术交流与合作。盆景与盆栽原本是同宗同源的艺术，消除时空的隔阂，知己知彼是前提。

在书稿写作中，对有关文化内涵的用语和在不同语境下的遣词造句，是我思考最多的。多有身肩重负的意识：世界各地域盆景艺术的交流，如何在不同民族文化背景下，努力营造一个不同地域读者，彼此文化对等语境下的艺术交流，能有点作为。执笔过程不时地换位思考、注重语言交流通畅的意识一直左右于我，令手中的笔不时地凝滞，少不了反复涂改、几番推敲且会留有遗憾，欣慰的是努力地践行了心中的愿望。

石万钦

2017 年 10 月 8 日

目录

C O N T E N T S

"清高"组合盆景　史佩元作

第一讲

喜欢盆景的多个理由

　　面对盆景艺术在世界范围的广泛传播，面对盆景发源地中国盆景今日之盛况，会不时听到这样的发问：盆景为什么诞生在中国？中国人为何喜欢盆景？在中国，人们总爱讲凡要成事，必备三个条件，那就是：天时、地利、人和。这个很传统的说法，一直指导中国人的行为。

　　沿黄河、长江流域繁衍生息的汉民族，在华夏沃土几千年延续着农耕生活方式，衣食住行主要取源于山野田间的草木，特别是树木。远古时期人对植物、对树木赖以生存关系的认知，对植物的原始崇拜情结，将"社树""社林"视奉为神，我认为是一种图腾的意识。长期传统的农业经济社会，农耕民族的树木情结，于是植物景观成了人们强烈的不可暌离的环境要求。远离了土地、森林，与自然亲近的减少，人们心中日渐强烈地有一种愿望在膨胀：渴望亲近大地，渴望拥抱自然。他们的无奈之举是在盆中种树木，以保留着对土地的最后记忆；渴望人与天地合一心灵的抚慰；是被压抑树木情结的渲泄，人与土地与树木与自然难以割舍情感的排解。

美学家朱光潜先生讲过：自有史以来，汉民族主要是一个农业民族，而且长期处在封建社会形态。无论研究中国文艺还是研究中国美学，都不能忘记这两个特点。国人眼中的盆中树桩，不仅仅是树木的艺术造型，其文化本质是表达着人与自然关系的认知与心境，依托盆中之景为媒介得以表现，一种精神的寄托。树木盆景在人们心目中已具有"树木清供"的意识，启动了国人的民族文化基因。于是有了盆树、盆栽；有了摆设在庭园、厅堂、书案上盆中造景的艺术形式；人们寄情于表现自然之美、世间美景于盆盎中。原创性盆景的民族性艺术风格，表达着人与树木与自然关系的文化本质，人与自然与赖以生存的树木生死与共情怀，是一种图腾般的崇拜情结。

清代文人陈淏子在其所著的《花镜》中记载："近日吴下出一种仿云林山树画意"的作品，他认为"雅人清供"。古人以一种依画意很本原又颇有雅趣品位的盆中造型树木，所谓雅人就是修养很好有品位的文人，所追捧的"清供"艺术形式与文化内涵，阐述着为人精神产物的特质。心目中的"树木清供"，为汉民族的树木情结表露，盆景文化本质的认知。

人类各民族文化艺术的传承，实质是该民族文化基因的传承，即民族本原文化、本原哲学的传承。千余年不断进步中的盆景艺术，不变的内核是中华民族的文化基因。孕育于华夏大地的盆景，雄奇、隽秀仪态万方之物，融入了太多的中国传统文化。创造着独具特质的艺术语言，构筑了盆景艺术的美与审美。

多年前在江苏南京一个叫西善桥的地方发掘出土《竹林七贤》砖雕，晋南朝墓中的砖刻壁画，一件在历史、工艺、绘画等数方面都很有研究价值的珍贵文物。砖雕保存完好，画面精美无比，人物雕刻细腻逼真，形象地描绘出了众多神情、形态、服饰、器具各异的士人们在松、柏、竹的林间，彰显个性的不同状态。真切地表现出魏晋的嵇康、阮籍、山涛、王戎、向秀、刘伶、阮咸七位名士，在或苍劲，或挺拔，或飘逸，势态各异的林木之间休憩、游赏时的传神姿态，神情兼备的形象显露出丰富内心世界。每人的神态和所用器物很符合个人性格，嵇康是个极豁达的人，神情显得平和，有"手挥五弦，目送秋鸿"之态；长者山涛安然自得饮酒，坦荡荡的；喜弄如意的阮籍是个不拘小节、很潇洒的人，显出玩世不恭之态；向秀则是一个哲学家，图中的他苦思冥想；财迷王戎对钱箱尤为珍视；酒徒刘灵举起的大酒斛；阮咸的琵琶弹得很是洒脱。这是一群时代造就的文化精英，一代精神贵族。

自晋代始，人们以追求自然界山水、林木之美为时尚，当时社会的"入世""出世"思想，古人的价值与审美观是文人成功者走仕途，仕途不畅，他们不以失败为终点，另辟蹊径地隐居于山野投入自然怀抱，移情山水、林木，涵养身心。

中国古代士人为文哲理先进思想的代表、国学的先贤。他们引领社会先进思想与生活时尚，既是生活的享乐者又是当时政权、政治的参与者，是一群社会上有话语权的文化精英，他们的言行

竹林七贤砖雕

往往引领社会的文化导向。士人对自然山水环境欣赏的主体地位，以崇尚自然和植物作为人格寄托，体现出中国士人传统意识"比德思想"。寄人的思想情感托于物表达的文化理念，久远地影响着中国社会各阶层，崇尚自然的思潮在汉民族世代传承。"竹林七贤"的指导意义，已远远超越了画意，其文化内核已成为社会各阶层人士积极人生的象征与楷模。士人在林木间的洒脱形象，在自然怀抱中实现与树木的情感交流，人与自然的融合，视为大美。这样的文化认知，士人把盆中景当成心灵的栖息之地，可以寄情言志之处，潜在的美与审美需求得以满足，于是盆景成为心中的自然。

中国历代有"小隐隐于野，中隐隐于市，大隐隐于朝"的传统文化理念，是古人处世的价值观。隐于市井、朝廷的士人，格外地钟情于庭园，钟情几案上盆景，寄情山水的行为。传统的隐世文化促进着园林与盆景艺术的发展，以盆中之景表现天地之美，借景言情明志的艺术形式为历代文人雅士所追捧。这样的认知成就了盆景为千年时尚，久远的思潮。传统的儒释道思想、"神仙思想"与隐世思想在中国人心底占据了绝对的空间，让国人有了对自然界的山水林木更多、更美的渴望与追求，有了更多、更丰富的想象与联想力，于是寄景抒情、借景言情明志各有主题的名园与盆景佳作世代相传。历史上在黄河、长江流域的广阔大地"富人造园，穷人玩盆景"的盛景，随处可见。

纵观盆景艺术文化历史可以明晰地看到：自古以来中国树木盆景也好，山水、山石盆景也好，都是以艺术表现手法再现心目中的"自然"之美，追求表达天地之美，智慧地创造了盆中造景的艺术形式。盆景蕴含儒释道文化内涵，奉行天人合一的理念；追求藏"雅"的审美理想，构筑了艺术性特质；盆景的造型为集多个曲线、曲面于一体的技艺；推崇"和而不同"理论指导下追求个人、地域艺术风格；汉字的题名为艺术作品提供了言情明志的作法；汉民族对树、树林、大自然的崇拜情结，赋予盆中树桩"树木清供"的文化本质；追求树桩造型的节奏感构筑了讲究气韵生动的文化内核；"大度"的文化意识，构筑了盆景一景二盆三几架规范、精巧至极的审美标准。这些基本内容满足了中国人的心理需求，成为古今盆景遵循的艺术理论。

盆景千余年来在庭园、厅堂、几案、窗台、墙头为人们观赏把玩，寻觅其中的意象且为之感动、感悟，表达着人与树木与自

九里香盆景　罗崇辉作

然关系的文化本质。表现着传统文化的底蕴与张力，超越功利的求索，即人与造景、人与自然的关系。表现为作品个性风格；表现为对人文精神内涵的追求；盆景美学的特征。

　　自秦朝一统天下，黄河流域的生产力得到极大提高，晋代至汉唐时的士人文化与造园、绘画、诗歌文化艺术的空前繁荣，至宋时已有盆景专用盆钵的生产，推动了艺术的普及，汉民族富庶农耕生活与生俱来的树木情结，有了借以盆景的精神诉求寄托。凡此，可谓天时、地利、人和三个条件具备，盆景应运而生，再自然不过的事情了。

　　观中国艺术文化历史，任何艺术形式一旦与文学搭界，就会生出飞翔的翅膀，一旦有了帝王、文人的参与，就会艺无止境地驰骋。源远流长的盆景恰遇文学与文人，历经千余年传承，创造了独特的艺术形式与久远广泛的艺术行为。盆景出现在皇室，皇帝的左右，成了时尚，带动了盆景在华夏更广阔地域的流行。

与书画、古典园林、雕塑诸多传统艺术一脉相承的盆景，以相同的文化理念，同样的写意性思维、透视原理，追求技法的极致，强调意境为最高审美境界。传统艺术理论与技艺移情盆景，

乾隆皇帝抚琴图

成就了盆景艺术的诞生且赋予其艺术性特质。古人讲："情与景遇，则情愈深，景与情会，则景常新"。意境赋予盆景艺术以灵魂，灌注以生气，化景物为情思，变心态为画面。对景观产生意象含蓄，情致深邃，具有飘然于物外之情、弦外之音、画外之境的深厚内涵。盆景具备了意境美的特质，有让人予盆景可以有观书画时"卧游"般的"神游"，引人入胜的艺术特征。传统艺术的理论支撑与业已形成的审美欣赏习惯，是盆景生存空间的必然先决条件。

近年国内各地大大小小的盆景园我去了不少，所见的各地盆景艺术风格各异，但其园主和工作者的生活情趣与方式却大致相

同。他们热爱生活，喜欢园艺，知识面颇宽，勤于劳作。他们终日与树桩、山石相伴，日复一日自由自在地艺术追求，依自己心愿施技予盆中树桩，雕塑心仪的艺术形象，寄盆中之景以言情明志，终日享受艺术创作之美与自在劳作的快乐。那是一种收获美与自由的盆景艺术人生，真的好羡慕他们。

盆景人每当放下花锄、剪刀，洗净手上的泥水，端详着眼前美不胜收的作品，细细地慢慢品味时，不经意间会不酒而醉地沉浸于美的艺术，感动于自己的时刻，这是每个盆景人的幸福经历。终日行走在浓缩自然美景的艺术品间，时时爱不释手地抚摸着枝叶、山石，拥抱自然的情怀令人阵阵激奋。当人不再为物役所劳累，于是获得了自由创作的勃兴，才会收获美。久了，人会心恬静、神凝重，会悠然自得地享受美，盆景艺术人生就是这样一种生活方式与情调。

心无旁骛地开展盆景艺术创作，一件件作品孕育美的过程，让人彻头彻尾地尽享自由，自由使一切艺术杰作可能产生别样的人生滋味。原创性的盆景就是这样完成的，盆景人难以忘怀收获自由与美的经历。文豪毛姆这样讲："我认为，要把我们所生活的这个世界看成不是令人厌恶的，唯一使我们能做到这一点的就是美，而美是人们从一片混沌中创造出来的。例如，人们创作的绘画、谱写的乐章、写出的作品以及他们所过的生活本身。在所有这一切中，最富有灵感的是美好的生活，就是艺术杰作。"创作一件盆景，像是在编织一个梦，绿色自然的象征，带给人与自然融合，触动人心最深处的感动，怡情养性的快感，回归自然的憧憬，营造在自然中寻找自在、自我。人在盆景制作或观赏时的心境，与在自然山野和庭园中身游所不同的是人在盆中景间"神游"，从盆中造景感受自然美、艺术美、意境美的精神享受。在咫尺盆钵中树木、山石、配件间感悟景的美与审美（制作与欣赏）的自由，满足了人精神的需求。

黄山以奇松闻名，依山而生的黄山松，因陡峭山势和植物的趋光性令株株松树枝叶平仰、层层地向外伸张，被形象地赞誉为"迎客松"。因黄山松美带给江苏盆景人的感动，有了扬派艺术风格的盆景；以枝无寸直、叶成平片状"云片"的树桩为经典，有了苏派盆景，被誉为"十全十美"的"六台三托一顶"枝叶平托的盆中树桩为时尚。这全为"师法自然"的文化理念为盆景制作原则的结果，也是盆景人自由无羁创作的必然。

自然界树的形象与人文精神的寓意成为艺术的源泉，美景让盆景人"悟"到了天地的大美。盆景制作追求个性风格的突显，以自由表达内心情感的盆景语言符号，手随心动自由自在地制作，为盆景美与审美的特征。自由是任何艺术创作的先决条件，有了自由才会有艺术产生，才会有美的获取，美与自由为生命

传统苏派盆景

注入了活力，何等惬意的人生。这样的美与审美亦为绘画、雕塑、音乐等艺术创作的共性，只是立体的、绿色的、时间艺术的盆景更典型更丰富。许多艺术形式总爱被称之"遗憾的艺术"比如电影、绘画诸多门类。而盆景树桩的长久养护包括不断修剪造型的过程，长时自由创作与再创作的过程，最终会遂心如意地实现心中理想的美，这实为盆景人的幸运。

　　人与盆景零距离的接触，望着苍劲枝干历经风霜雪雨留下岁月的痕迹，经修剪后叹为观止的树姿，盆面绿茵茵的苔藓与点缀的山石，会让人联想到绿水青山、联想到家园的"大树""古树"和曾经的树木记忆，会被盆中渗透出自然的大美所感动；盆中树桩上一枝跌枝或一片飘枝带给人或犹如人拂袖而去或宛若人招手

香兰盆景　陈昌作

迎宾形象的联想与感动；树桩尽露"白骨"般木质的"舍利干"和"神枝"有观古物凭吊历史沧桑的震撼；观者眼中的拙干、劲枝、柔叶，有让人心静如水、引发思古幽情、与百年前的作者对话之感；手抚摸盆钵的观赏，让人心灵得到慰藉，精神得到寄托，这也是国人喜欢在庭园、几案放置盆景的原因所在。

中国唐代诗人白居易关于盆景的诗云："养性延容颜，助眠除睡眠。澄心无秽恶，草木知春秋。不远有眺望，不行入洞窟。不寻见海浦，迎夏有纳凉。延年无朽损，升之无恶业"。此文字实为盆景的文学印象，也是盆景美的评说，盆景修身养性的教化功能是渴望健康长寿人的最爱，也是国人喜欢盆景的原因之一。

盆景讲究意境，意是寄情，境是遇物。情由景生，境由心造，情景交融产生意境，为情与景的结晶。千年的盆景审美让中国人懂得、学会在盆景诗情画意美中的"悟"，在艺术创作与欣赏过程中愉悦身心，潜移默化涵养人的心灵，修炼人的品德，陶冶性情；盆景有"凝固的音乐"的美誉，为时间艺术，是讲人在植物生长的过程，感同身受到盆中生命的脉动，充满了新奇与喜悦的感动，忘我无我地至极纯静的境界，人本性情的恢复，达到修身养性的功效。

我在拙作《树供：盆景的世界》一书的后记中，抄录过《作家文摘》刊登文章《一棵树》的一段引发思绪文字："……人与植物的交流，就需要人自己去动感情了，需要自己的感悟力了。……爱上一棵树木，这并不是虚妄可笑的事；对树有怜惜，有向往，有潜对话，这样的人才算是健康的。由这种人组成的现代社会，才会具有温情和理性，人与人之间才会感到幸福。不然，人与人的相处只能变得紧张和危险。人生命有共同生存的需要，那就是友爱与仁慈，这也是与生俱来的一种能力。人对于其他生命，尤其对不能发声、不能移动、与人完全不同生命的交流，这种本能，就是人性。"当今难觅竹林士人的风范，人的性情全然为社会环境影响与个人学养所致，世人丢失的东西太多了，很无奈。

居住北京的马文其先生是德高望众的盆景前辈，为中国盆景艺术家协会、北京盆景协会的筹建人，曾任全国盆景展览评委等。我与马先生相识算来已二十年有余，他是我加入盆景社团组织的引路人，多年共事的相识相知亦师亦友。马先生性情率真，遇事直言不讳，是一位对盆景贡献多多的北京市盆景艺术大师。从医生岗位退休的他痴迷盆景，居住在北京二十世纪八十年代建筑的红砖楼，三十多年来他在二三平方米的阳台（窗台外接一窄条阳光棚）种植有松柏、榆树、柽柳、梅花、枫树、黄栌树和各类果树等树桩盆景，还有山石类、草木类和水仙盆景。他从中研究植物种植规律，开展盆中造景并著述。他是中国科普作家协会会员，著作颇丰，出版有三十多个版本盆景专著，发表盆景学术文章百余篇，可谓著作等身。

多年前，我一时兴起想编一部汇集近几十年来盆景创新作品的书，与马先生商议合作意向，我话音未落，马先生连连说好、好。让我一下有了信心，也就有了我俩主编的《现代盆景制作与欣赏》一书，后来又修订了第二版。

我时常想论条件、论职业全不沾边的他何以这样痴迷盆景呢？渐渐地我理出其中的成因，或者是悟出其内心世界。在二十世纪七十年代，他曾去广西桂林地区工作了八年，风景如画的地域景观让他有了刻骨铭心的感动，成了他挥之不去的梦，退休后利用树桩、山石、苔藓、配件进行盆景创作，让他的梦想成真。自由的创作与美的快感一举两得，何乐而不为，于是一发而不可收。医生的天职是治病救人，职业道德是体悟患者的病痛疾苦，关爱生命。伺养植物、创作盆景与人内在关联就是医生的博爱之心与性格纤细使然，与树木的交流，恢复了人性中的原本，情感得到慰藉，身心收益健康，于是动脑开始著书立说。如此想来，马老的盆景艺术生涯也就是很自然的事了。

"石不能言最可人"赏石的至理。人与不能言语的石头，与盆中树桩相处实现内心的交流，为人对万物的真性情（只可惜被人淡去）。唯有如此，才算是完善的人生，社会才会文明。我想说：盆景带给人的感动，是会潜移默化地影响人的行为，关注环境，关爱自然，关心生物，珍惜生命……当然这样的真善美需要人自己去动感情，需要靠自己的感悟力去汲取、获得。

盆景"清供"的艺术形式，是人于植物、山石、大自然生命体悟的结果。盆景带给人更多的审美情趣和文化思考，是盆景予人的教化功能。我曾撰文于《中国盆景赏石》杂志，讲盆景的美育："步入校园，在临时设在大操场与会议室的盆景展区之外的地方，所见到原本的校园风貌完全推翻了我固有的传统中学的印象。在偌大校园内一幢幢教学楼、图书馆、宿舍楼等建筑物间，一排排经修剪造型树的林荫间，设置有一块块硕大的奇石；一座座的石几架上摆放着盆景佳作；望去俨然一座建在盆景园中的学校，一

座建在学校中的盆景园。所到之处中外佳宾和游人们无不驻足观赏，无不为校园特有的景观与营造的艺术氛围赞叹不已。"

感慨之余，我在想这样的文化构筑可谓大手笔，开创出一条青少年美育的新路。我们知道，盆景为立体的造景艺术，具有园艺性和艺术性融为一体的特征。盆景技艺与文化内涵深厚，养植盆景需要较高的个人素质。首先要有基本的园艺知识：包括植物学、养护技艺、化学、物理学等等；还要具备相应的传统文化艺术知识：包括古典园林、中国画、文学、美学理论等等。盆景是门综合性、多元的艺术形式，需要掌握了解的学识是较全面的。因此，盆景制作与欣赏对全面开发人的潜质非常有益，感知与学习相关知识，

余姚高风中学校园景

将调动多方面、多角度的人体功能。

以盆景为媒介的艺术活动，实质为绿色艺术教育课，让学子们潜移默化地感受国粹艺术之美，了解掌握相关园艺技能、培育对该艺术的兴趣、接受相关美学教育、提升生活情趣、陶冶性情，对全面培育青少年的体能、智能，有着事半功倍的效果。

盆景艺术的传承是一代代人的实践，艺术人才需要从青少年时起培养，亦为中国盆景的未来。在物质生活日渐丰富的今天，青少年心田中最渴望的恐怕就是美感的培育。一颗"植"在他们心中美的"种子"，会随着阅历的增长而一点点地成长，终将伴其一生，一生美的发现，一生美的享受，一生美的乐事。

以"细雨润无声"作比喻，形容艺术予人的感染力最为恰当。在一个严肃、活泼风貌的中学校园内置上几块形、色、质、纹尚佳的奇石、摆上多盆韵味十足的盆景佳作。让祖国的未来们生活在充满诗情画意与绿色的环境中，无疑会为他们的心灵添加浪漫的色彩。人生如果少了浪漫一定是个缺憾。

先哲孟子讲："独乐乐，不如众乐乐"。余姚高风中学在校园内开展盆景美育，作了很好的示范，带给人们一个很好的启示：让国粹艺术走进校园，走进社区，走进景点……让高雅艺术走出个人或少数人的视野，融入到大社会中去，让众多的人尽享盆景艺术之美。"我撰文至《中国盆景赏石》是想借典型的例子讲盆景的寓教于乐、以文教化之功效，呼吁盆景美育在全社会的开展。如此这般也就实现了盆景艺术的普及，全社会的盆景美育，旨在宏扬内敛含蓄、典雅端庄的中国艺术美学。以盆景为媒介的美学

传播，我不以为这是虚妄的想法，因为我们生活的方方面面太需要传统的美、规范的美。我一直认为"让盆景走进千家万户"的口号，不现实也不太科学，不仅仅是盆景或为"大众与小众艺术范畴"的讨论，其实社会需要的是盆景的审美与美育，公共场所更宜。

盆景的制作、欣赏对全面开发人的潜质非常有益，将调动多方面、多角度的人体功能，感知与学习园艺、绘画、古典园林、诗词等相关知识。盆景技艺与文化内涵丰富深厚，盆景审美有益人的身心健康，其艺术性特质赋予了盆景寓教于乐、以文教化的功能，达到修身养性的目的。自身的体验让我热衷盆景美育，为此多年来撰写了近百篇相关文章在各级园艺类报刊发表；出版了《树供：盆景的世界》《现代盆景制作与赏析》等多部书；曾多次在中央电视台、千龙网等媒体和大学、社区开展盆景科普讲座。前几天遇见身为街道居委会主任的友人，他让我给辖区的少儿们讲讲盆景，我满口答应，很以为荣为乐的事。

凡是创作或欣赏过盆景的人大都有过那种忘我、无我的所谓入静状态的感觉和经历，那就是在搞艺术创作与欣赏作品时，往往会因为精神的高度专注而令大脑得到休整，人情感得到撼动或抚慰，心灵得到净化与提升。

自多年前始，我的同仁挚友资深盆景人、中国社会工作协会心理健康委员会园艺治疗学部主任、清华大学景观学教授李树华博士，开展以养护盆景为课题的"园艺疗法"工作与研究。"盆景园艺疗法"讲的是人在制作、欣赏盆景和植物养护的过程中，人与盆中的树桩、花草、山石的交流，实现着相互间"关照"。在自由的艺术活动过程中心里得到释然减压，身心变得空灵、平和，有类同内气功的作用，达到心理、生理康复的科学疗养。

在盆景养护过程中不间断地施以修剪、摘芽、缚扎、去枯枝等技法来呵护盆中树桩的生命与完美，造景渐入佳境地实现心中的意愿，实在是令人惬意。伺弄盆中树木让人身心"入静"一般地心境平和利于修身养性，利于身心的康复。盆景制作和养护情神专注，情绪完全沉浸在盆景中，人身心与树桩与山石相融合，有了情感的交流，从中滋生回归自然的自由自在意识。人会变得清纯了、轻松了，超越纠缠在身的所有物役、物累的困扰，世间的不悦与烦恼也随之释放了、消融了。盆景的静观孤赏，气功般的入静感觉，令大脑得到休息与调整功效，生命交融的意识会造成人体血清水平的明显下降，情绪平稳，降低血压和心律减缓，调节精神状态的效果。

不难想象：当人将水浇到盆土时，看到水一点点地渗入土壤，会想象着：树根在吸吮着水，沿着树的干、枝注入树身、树冠。看到盆中树桩的枝杈间隆起小米粒的叶芽，叶片一点点地膨胀，一点点地舒展开，一点点地抽出枝条。让人体会到生命的跃动，感受到生命的可贵、可爱，面对充满生机且柔弱的草木时，人心变得极平和，对绿色的生命充满了善良爱怜的同时感受自身生命的强力。伺弄盆中树木让人身心"入静"般地得到休养，心境平和利于修身养性，自然利于病疾的康复。

"园艺疗法"在世界各地域广泛地开展，在美国、加拿大、英国、日本、韩国等的临床应用都已展开多年，主要是针对老人、慢性病人、精神类病人群。通过组织他们有意识地参与花卉、菜蔬的种植与养护园艺活动；通过在户外园艺劳动，进行空气浴、日光浴，通过人的鼻、眼、口、手、心与植物的亲密接触，往往会造成人体血清水平的明显变化，使他们的情绪平稳，达到降低血压和心律减缓、调节精神状态的效果，园艺活动有着很明显的医疗功能，这是被公认的。

"园艺疗法"以绿色的、活的艺术形式，赋予生命关爱的特质。以盆景为最佳素材和方法，原因是盆景具有园艺、艺术的多重性，而且盆中树桩的长寿命与刻意而为的形象迎合了人群不同的心理与审美需求，予人修身养性的作用更典型。盆景的艺术性特质更富于与人沟通情感，相互传递着生命关爱。盆景为绿色、活的艺术，树桩在不断地生长变化，有时间艺术的美誉。盆中树桩在不断地生长变化，为保证健康生长和追求艺术造型，需要人在长期的盆景制作养护过程中，不断地修剪枝干开展造型，得以保持树桩理想美的形象状态。

实践结果表明："园艺疗法"以盆景为载体，其文化内涵丰富、技法精巧、体量大小适宜、可展示可评比，富有情趣。对于各类群体人士无疑都是很不错的选择。盆景的制作与欣赏身心休憩康复的目的，已被人们了解并掌握，极有利于各类群体特别是老年人、慢性病人的保健疗效，有很明显的医疗功能。这特征迎合了人类对延长寿命的渴望，所以两千年来国人挚爱盆景且乐此不疲。

多年前，在颐和园的盆景座谈会上盆景世家出身的耿留佟先生笑谈：世上有四种长寿人，分别为唱戏的（传统剧）、老中医、画画的和养盆景的。大家听罢感同身受地觉得有道理，盆景制作具有中医药的养生保健功效，陶冶情趣的劳作方式，寓教于乐的功能，这样劳作与修炼让人得以修身养性，自然会身心健康也就长寿了，这也是盆景人引以为荣的骄傲。

江苏省如皋市为联合国卫生组织认定的长寿市，百岁老人比国际长寿标准的每百万人中百岁老人75位的数目，高出2倍多。调研结果之一：如皋市历史上有花木盆景之都美称，盛行花木生产，盆景历史上曾经的如派盆景就指如皋地方盆景：如皋是早年间中国七大盆景地方流派之一所在地。

在创作或欣赏上盆景人都有过那种忘我、无我的所谓入静状态的感觉经历，因为精神的高度专注令大脑得到片刻的休整，这生物现象就好比科幻文学中所说的生命暂时停止。在艺术活动过程中，人的情感得到渲泄，心灵得净化。人经常大脑得到暂短的休整，休息时间之和或是人思想入静过程之和，是寿命延长的数值。寿长与大脑调整，人身心的经常"入静"有关系。

长寿是人类自远古始的追求，历代涌现各种以为延长人寿命的抗衰老智慧。老子，中国的寿星也是道家祖师，他主张道法自然，强调人与自然相融才是最高境界的养生。庄子，战国时代著名道家人物，庄子也重神养，主张"忘我"的超神养生。有所谓秘诀或功夫误入歧途者，多为炼丹、巫术的失败。纵观原因是远离人类生活与本性所致，消极的作法不足取。盆景的制作与观赏犹如练气功般入静的状态，人大脑得到片刻的休息与调整。入静，即神养也。这道理与效果远不止耿先生所言的四种长寿人，而是所有遵循人生规律身体力行的人。

"长寿"与"寿长"的话题我思索了许久，中国语言的丰富和汉字的表意功能，让我列出这样的文字游戏般句式："长寿长"，组词。当寿字与左边的"长"字组词："长寿"，可理解为人预期的寿命；寿与右边"长"字组词："寿长"，可理解为假设某个年龄段为长寿的标准，长于此值即超过长寿部分应该叫寿长。即人预期寿命的增加值，寿命长出预期。如皋长寿人群高出周边县市人群的平均寿命，长于平均寿命，自然如皋市人寿长。让我忆及一广告语：一饮 ** 矿泉水，方知 ** 人寿长，也是长寿人的语境。

盆景为人们心智的艺术表达，历经两千年传承，已经成为世界范围表达爱树木、爱自然、抒情怀的艺术形式。盆景为绿色的、活的艺术，赋予人生命关爱的特质。于是盆景和盆景人也就成了向全世界传播"爱"、让世界充满爱的使者，这亦为国人喜欢盆景的另一个理由。

当世间有这样一种艺术形式，它具有了体现作者心智的艺术性特质；内中渗透着民族文化的情结，你骨子里的渴望；赐予你人生命中最可贵的内核"美与自由"，予以精神的满足与享受；传递着修身养性的功效，使你拥有一颗"文心"的心态，大度、平和；与其相伴的艺术人生，会时时感动于生命的可爱，带给你安康与长寿；凭借艺术的魅力，无国界地向世界各地域传播生命"关爱"与中国文化，使你成为"爱"与文化的使者，拥有了骄傲与自豪的资本。这就是盆景，有这样多的"理由"，谁能不喜欢。

第二讲

行走在盆景文化历史间

纵观中国古代著作，无论经书史书，还是儒学道学，都充满了天界与凡尘的思考，交织着出世与入世的思想矛盾。向往长生不老，追求天地同永，是中国古代最大的学问，乘青云，弄紫雾，飞往琼岛瑶天，是芸芸众生的最高理想。凡神仙驰骋于天地之间，俯视地界尘世，于是世间的一切均变得渺小。

观察宇宙视角、视野的变化，带给人们丰富的想象与联想力，于是有了"缩地术"。汉书《神仙传》有这样的记载："房有神术，能缩地脉，千里存在目前，宛然安之，复舒如旧矣。"（释：房为房长费，熟练掌握缩地术者）。古人依心中的"仙境"，挖池筑山、栽种仙花神木建造园圃，进而"浓缩"美景于咫尺盆盎中，成就了盆景。其作法实为琼岛仙境模式在山野筑园中的追求、仙花神木的自然崇拜情结在盆中造景的体现。

中国盆景的起源有多种学说，远古说、汉晋说、汉唐说等，

一般多倾向汉始。盆景艺术历经两千年的艺术传承。盆景产生、演变、发展的历史过程中，先人们凭借其智慧与劳作，盆栽植物由单一物种向多物种、单一元素向多元素、简单形式向复合形式不断进步的演变。在历史的各时期有不尽相同的表现形式与不同的称谓，源于艺术现代性的不断追求。盆景的称谓经历了盆栽、盆玩、些子景、盆景、盆玩等名词的演变。千百年来盆景艺术以不同的称谓传承，了解称谓演变的历程，犹如行走在盆景文化历史间。

清代文学巨匠曹雪芹一部《红楼梦》天下传，成为世界名著。爱好盆景艺术的我读到并记住他在《红楼梦》书中的两处有关盆景的描写，一处是第四十四回＜史太君两宴大观园　金鸳鸯三宣牙版令＞中写道：贾母来蘅芜院薛宝钗处，见其住处陈设布置朴素，生爱怜之意叫来鸳鸯，吩咐道："你把那石头盆景儿和那架纱丝屏，还有个墨烟冻石鼎拿来，这三样摆在这案上就够了。再把那水墨字画、白绫帐子拿来，把那帐子也换了"；还有是五十三回＜宁国府除夕祭宗祠　荣国府元宵开夜宴＞："正月十五晚开夜宴，贾母花厅上摆了十来席酒，每席旁边设一几，几上设炉瓶三事，焚烧御赐的百合宫香；又有八寸来长，四五寸宽，二三寸高点缀山石的小盆景，俱是新鲜花卉……"。

两段文字准确而生动的描绘真切地表明文豪对盆景的熟悉，盆景予他的生活已司空见惯，著述时信手拈来，令人感叹大师丰富的人生阅历与多才多艺。书中清清楚楚地印证了清代山石与山水盆景已成为官宦大户人家厅堂常见的饰物，主人公直呼"盆景"

的细节，明明白白地告诉人们"盆景"一词在当时已经流行。

熟悉清官府生活、熟知各类传统艺术的大师曹公，以不多的文字描绘出当时盆景的形式与状态，为我们了解清代盆景提供了精准的文字说明，让后人对艺术传承过程有了亲历的感悟，亦为文学的特性与价值。合卷书文，其间的场景描述历历在目，从中品味着清代雅趣横生置于几案的小型山石盆景。不禁作这样的臆想，假如家道不败落，假如曹雪芹生逢盛时，就有了遗存的府坻、庭园、家具，还有角落中弃置的盆景儿，花木无存山石犹在的山石盆景。

可以想象到清代时盆景已经与今日盆景模样无二了，传统的说法：盆景自汉唐始，历经宋、元的发展至明、清代已达鼎盛时期。盆景以树桩、山石、配件、苔藓等组合一盆钵中的造景，构筑了"一景二盆三托架"三位一体或附上题名四位一体的形式。

因此，盆景虽多为匠人制作，确要体现文人雅士的审美情趣

依《红楼梦》文字描述制作的玉石盆景

才行。全因艺术境界的创构，客观景物为主观情思表现的特质。在旧时，官宦人家、文人雅士为社会主流，是主要的消费群体。大观园出现盆景的生动描写，是文学大师生活阅历丰富与敏锐观察力的结果，赐予后人的财富。

据考，清时已有《盆玩偶录》《花镜》等多部以盆景为主要内容或部分内容图文并茂地论述盆景的专著，据考当时所用物种已多类、多种，树桩造型技法包括：修剪、蟠扎、弯曲，树桩头的制作技法且日臻成熟。盆景已经成为当时时尚之物，《红楼梦》书中人物的言语流露可见一斑，更可以从称谓看"盆景"的形式与内涵，试以历代称谓的演变过程，管窥盆景艺术文化历史。

在中国盆景文化的历史长河中，"盆池""盆栽"是唐代对于盆中景的称谓，盆栽为少有人工造型的植物栽培，盆钵多采用香炉等器皿替代，尚无专用的盆钵。

宋代对盆中植木以盆加植物名称之，如：盆梅、盆榴（石榴）的称谓，在当时盆景已构成庭园园林的基本组成。宋代有关盆景书籍中除了介绍盆栽树木外，也有了附石式、水旱式、丛植式盆景的文字记载。至宋时有了专门的陶瓷窑制盆景盆钵，盆中植物渐多种、类型渐多样，而且形成盆景艺术风格雏形推崇模仿名家古画树意为上品的技法。

关于盆景重要组成部分的盆钵，陶器远古已有，多为装粮或液体的容器，瓷器施釉工艺的进步，带来不利于盆中树桩的水气平衡。1000 年前江苏宜兴（古称义兴）的鼎蜀镇，生产出誉为"紫玉金砂"的紫砂泥，易成型为紫砂器。紫砂器自宋代已有生产，明代盛极。紫砂具有透气不透水的特点，用来栽花木不烂根，易成活，利花木生发，且因不渗水可直接放置几架上，是理想的盆景用盆钵。紫砂盆的应用极大地推动了盆景艺术的进步与普及，可谓功不可没，明清代古盆有可观的存世量，可见一斑。

明皇窥浴图

唐宋时期随着中日两国文化交流的频繁，盆栽艺术东渡日本。日本以"盆栽"的音译称谓沿袭至今，其间融合了日本大和民族文化且富含我国宋代禅宗文化遗风的艺术传承。历史上盆景艺术近百年由日本以盆栽称谓与典型形式向世界传播初始，欧美国家有对不知盆栽为何物的人多以为是"侏儒树"或"小老树"的认知。当欧美的友人渐渐地感到盆中矮化的树木中传递出人的心智与巧工时，于是从旧有的心理与文化差异的认知中跳出，升至盆栽的艺术境界。从中获得了美的享受且渐流行。如今，盆栽传至世界各地，成为一种世界文化现象。

在元朝时，对园林造诣颇深的佛僧韫氏创造了在盆池中微缩造山林泉石，当时被称之为些子景，指小型的且有孤寂美感特征的盆景，独具特色的艺术美影响了日后盆景的小型化发展趋势。一时间些子景成为小型盆景的代名词，也有沿用宋时盆景称谓的"盆＋植物名称"叫法，如：盆竹、盆梅等称谓。

明、清两朝代的多位皇帝对盆景情有独钟，伺养有各式的盆景，且喜在殿堂厅室内摆置花卉、果树盆景。皇室的示范效应带动了众皇族、官僚，文人、富贾对盆景的追随，影响着民众对盆景的审美欣赏习惯。盆中造景的艺术，成为时尚之物，盆景在明、清两代达到艺术发展的巅峰期。

在明代盆景艺术日臻成熟，这时期所用的物种很是丰富，借助山石、托架等组合成树石或石树盆景，以多元素有机组合的技艺共同表现创作意图；分别有"盆玩""盆中景""盆中清玩"等称谓，同时出现不少盆景理论的专著，如屠隆《考槃馀事》中的《盆玩笺·瓶花》等。民间盆景制作技艺已进入艺术成熟期，盆景已成为人们喜闻乐见的物件。

清代有了观花、观果、观叶盆景的规模生产制作。随着花卉园艺技艺的进步，盆景艺术的发展渐入鼎盛时期。在当时的皇室、王府也还有另一类的所谓高端盆景，就是以金银打造做枝干，以珍珠、玛瑙、芙蓉石、碧玉等玉石磨制成花瓣做叶片，缠绕丝物或金属丝缚扎成果品、花朵、枝叶后植入景泰蓝或玉石盆钵的"象生盆景"。至今在故宫、承德避暑山庄等处仍有陈设。在皇宫尽显富贵与华丽的"象生盆景"，虽无观花、观果类树木盆景的鲜艳、鲜活，但满"树"名贵玉石制成的仿真枝叶、花果确是渗透出另样的美，玉石的色调、光泽、质感无一不传递华贵、温润和艳丽，独具百年不厌的高品质。在清时除"盆景"称谓之外，在坊间也有"盆中近玩""盘盂之玩"等叫法。

明清两朝皇室及官宦人家伺养盆景的示范引领效应，极大推动了盆景艺术的普及，随着制作技艺的进步，在气候条件适宜植物生长的江南出现了"富人造园，穷人玩盆景"的盛景，盆景成为寻常百姓家墙头屋角儿的摆设物，清代盆景得以广泛的传播。

民国时期除沿用清代盆景的称谓，也有"盆栽""盆玩""盆植"的说法。出版物有夏诒彬编著《花卉栽培法》等，盆景树桩造型已分有单干式、双干式、悬干式的多样化，已类同今日盆景的分类与形式，与今日有大致相同的审美。

20 世纪后期，中国盆景界统一盆景称谓为："树木盆景""山水盆景""山石盆景"。晚于树木盆景出现的山水盆景，更多受古典园林、中国山水画理论的直接影响，制作的透视方法与艺术造型与审美欣赏习惯与传统艺术形式一脉相承的盆中造景，更强调作品的"诗情画意"美。出版有大量的盆景制作技法类、文化类书籍及相关报刊，出现了许多著名盆景文化人，推动了艺术的普及与发展。

近些年国内外又有了"近代盆景"（日本）、"现代盆景"的艺术形式和称谓，所言"现代盆景"实为创新类型盆景形式的涵盖，包括:苔藓盆景、立屏式盆景、雾化山水盆景和艺景盆景、山石盆景、微型盆景、壁挂式、砚式盆景等等，一批全新形式、体现时尚特征的盆景创新。为近三十年盆景创新形式的集大成。据北京林业大学盆景学教授彭春生先生统计有二十八种之多，有别于传统盆景。

"现代盆景"一词始见 1999 年中国昆明世界园艺博览会，这一称谓，很容易联想到现代舞、现代戏剧、现代雕塑……其具有盆和景的融合、多元艺术的组合、突显图式的效果、制作与养护的便捷以及承载信息量大的基本特征。充满现代气象的盆景更多出现在花卉市场、民居、会展等场所。

记得 2007 年，第一届北京盆景文化论坛在西郊的解放军军事科学研究院干休所召开，会上由我和清华大学景观学教授、北京盆景艺术研究会副会长李树华博士，中国盆景艺术家协会副会长、北京盆景研究会副会长刘洪先生分别讲演。李教授准备得很充分，驱车带来投影仪和讲义，在讲堂上展示了许多他从北京图书馆、博物馆和日本图书馆以及中华台北故宫博物院收集的有盆景内容的古画照片的投影，他一张张地边讲解着画中的盆景边播放着。到了午餐时间，听众们仍是围坐讲桌，不去餐桌。古画中有许多是难得一见的国宝级珍藏，惟妙惟肖的盆景画面更是盆景人的至爱，是令人百看不厌的艺术瑰宝。同仁们通过对唐、宋、元、明、清、民国画作中盆景佳品的观摩，学习了中国盆景的文化历史课，一堂高层次的盆景文化"盛宴"，名画欣赏、名家讲座，美不胜收且难得，至今乐道。

我想，一个盆景人的学历中，应该有中国历代盆景的"观摩"学习课才好，不明白历史与过去，

《偃松图》李士行

怎么知道今日的时空，又怎么知道自己脚下的路在何方。艺术座标缺失的错觉会害人的，好比原本是站在石矶上，却误以为登上了山的颠峰，让人好"晕"，晕头晕脑的结果可想而知。好在听说中国林业出版社近期将出版李树华先生著《中国盆景文化史》的精装版，这事用"及时雨"作比喻，应还恰当，期待见到新书。

中国汉字文化渊源，一个字的演变过程就是一段内涵丰富的文化史。各历史阶段不同的盆景称谓，反映出不同时期人们对盆景艺术认识的水准。盆景称谓的演变脉络，传递着艺术渐进发展的规律，语言文字更直观、更接近艺术文化本质的表述。汉字表意的特征令称谓的形式与内涵得以表现，例如：盆栽与盆景，从"栽"与"景"两字意可以表明所包含艺术形式的繁与简和制作技艺水准的浅与深，更多的是表达了作品蕴含信息量大小的区别。前者形式简单少内涵，后者则构成复杂、内容丰富且传达更多的相关信息。可以说盆栽仅是中国盆景艺术的初级阶段的称谓，从艺术性征与称谓的内涵与各历史阶段文化背景证实了推断，才有了拟以盆景不同称谓述说盆景文化史的文字。

笔者曾有盆景创新实践经历，对盆景称谓有过探索思考。20世纪末，我制作出几种仿照人文景观造型与色彩的盆景用盆钵，其中有"四合院盆""长城组合盆""凭栏随行盆""多层梯田盆"等。盆是仿照景观而制作，区别传统盆景盆钵。在如何称谓上着实动了一番脑筋，盆景最高境界为"意境"，创新盆的形与色使其本身为"景"观的艺术造型。于是乎，就有"艺景"与"意境"谐音的称谓："艺景盆"。用"艺景盆"造景，成就了"艺景盆景"的

艺景盆景　石万钦作

称谓。学艺经历确也让我明了任何事物的生成，一定有特定的历史背景、有特定的文化内涵。

回想创作之初，曾得到盆景界前辈的大力支持扶助，作品一问世，马文其、秦玉铭先生到家采访、考察后分别撰写长文、荐图予《中国花卉报》《中国花卉盆景》等报刊，竭尽推荐，为我喝彩。那时我与诸位艺术家也只是见面之交，全无更多往来，他们予"艺景盆景"称谓与作品的大力推崇，是在践行促进盆景发展普及的事业心、艺术家责任感，他们在为一名新人的艺术创新行为呐喊、叫好。该盆景形式现已入编盆景学教授彭春生先生的《现代盆景分类之探索》论文，列入近三十年来创新盆景二十八种之列，让我很感动。多年之后，担任两届北京盆景艺术研究会会长的我也要求自己以他们那样的言行，同样地为艺术新人与创新成果尽自己的能力予以提携支持帮助。为盆景人才的培养、为艺术的传承竭尽所能，这都是社会责任和使命感所驱使。

在我国，盆景分成树木盆景、山水盆景及水旱盆景基本类型，盆景界所采用的称谓，为基本形式与内涵。其中树木盆景指树桩经过制作者的艺术处理加工，体现个人心智、巧施技艺的造型盆栽树木的制作；山水盆景指自然界的山水胜景，经艺术构思置于盆盎中的艺术。以传统中国画透视原理的盆中造景，颇具"立体"画的特征；水旱盆景指树木盆景和山水盆景的有机结合而成，突出造型树桩，辅以山石、配件，赋予表现自然与人文景致的盆中造景。

中国有句经典老话："一方水土养一方人"，意指华夏各地因气候、地理、物种等自然条件的不同，加之旧时交通、通讯条件的限制，形成各地域自然、人文环境的明显差别。不尽相同人文与自然环境影响下的盆景艺术，表现在审美与技艺诸方面形成的地方艺术特征和风格。各地域盆景制作极富个性的艺术领军人，经众人效仿且逐渐趋同地形成技艺相同特征的创作群体，形成地域特征相似、技法类同的艺术倾向，地方流派艺术风格在萌生、发展、成熟，最终形成。表现在作品的形式与制作技法，突显地域艺术风格特征。

在中国盆景历史上曾经有过"八大地方流派""七大地方流派"等说法，代表性作品均留有各地域人文、环境地理和物种的明显印痕。现如今被公认且入编权威盆景专著的为：扬派、苏派、海派、川派和岭南派等五个盆景艺术地方流派。以四川省成都平原为中心的川派盆景，传统的作品以"掉拐""三弯九倒拐"极富功力的树桩造型，为川派盆景的代表性形式；表达着"以曲为美，直则无姿"的艺术风格，是巴山蜀水独具风情的地域文化。

江苏扬州及周边地区的扬派盆景，扬州地处长江与大运河交汇处，四季分明，气候宜人，自古为著名的商业文化城市，为文人雅士云集之地。有"家家筑花园，户户养盆景"的时风，清代有了"枝无寸直，叶成平片状'云片'"做工极致的造型树桩，是经典扬派盆景艺术。

以苏州为中心的苏派盆景，以古朴松、竹、梅或老树、竹石等的文人画为题材，富有柔情洒脱的风韵。其提根式的松柏树桩，创造出盘根错节式的根状，更显出古画中古树古拙的气韵。传统苏派盆景以技法繁缛见功力，喻义"十全十美"的"六台三托一顶"造型树桩为时尚，受苏州名胜古迹"清、奇、古、怪"千年汉柏的潜移默化影响，另有表现"清雅拙朴"之风作品传承。

以广州为中心大庾岭以南广东、广西地区的岭南派盆景，陆海交通通达，文人墨客云集。文人"室有山林乐，胸无尘俗思"的风气流行，追求树姿疏落的"画意树"树型的盆景，受中国绘画重要流派岭南画派的影响而形成。"老树苍藤盘曲，雄鹰振翅张

"巧云"传统扬派盆景

九里香盆景　郑永泰作

腾，霜叶新红的明快色彩。"画风影响着岭南派盆景。南粤的亚热带气候，雨量充沛，气候温和，土地肥沃，利于植物的生长。创造出盆中树桩"截干蓄枝"技法，以制作成干、枝、杈纤毫毕露的造型而著称。

中外文化交融的上海，盆景制作以技法细腻灵动的风格形成海派盆景。其"海"一样包容大度的艺术风格，集中外盆景和中国南北地方流派盆景的艺术特点之大成。海派盆景用材广、形式多样和少程式化见长的自然风格，既有北方盆景奇、雄的特色，也有江南盆景秀、美的特征，为海纳百川精神在盆景艺术的体现；近年海派首创的微型盆景广受青睐，在全国各地得到长足发展。

盆景艺术类型与地方流派风格，特别是民族艺术风格的形成，有其渊源地域文化背景影响下的审美与价值取向，如地域物种、人文环境、地方艺术、自然气候等的影响，各地方流派艺术风格最终共同构成中国盆景的民族风格，盆景的"根"。

任何艺术门类的传承一定包含创新精神的传承，否则就没了生命力，各传统艺术历史的起起伏伏、昌盛与消亡都在证明这一点。在今天，盆景传统技艺与现代文明发生着激烈碰撞，中国各地域的盆景人已渐渐地摒弃地方流派的传统固有模式，移情于自然式的创作风格且成为主流，自然式盆景制作不拘泥某种固定的艺术风格，融合了传统技艺与追求现代意象的艺术风格，很受追捧，市场价格不断攀高。市场行为体现了今人的价值与审美取向，成为当今盆景发展的风向标。

近年来异军突起的山石、山水盆景因制作不拘一格，突显图式效果极富有装饰性、养护较易等特征，或因更接近中国绘画的欣赏习惯倍受被人们青睐，山水盆景已为各地域盆景爱好者所钟情，精品佳作层出不穷。

我家住北京大观园附近，经典的《红楼梦》电影拍摄地。前些年常去散步遛达，也偶遇在园内拍摄影视的场景，驻足观看热闹久了，也看出了点门道，比如演职人常挂嘴边的词"穿帮"，指镜头里出现与剧情矛盾的物或人。艺术家的眼里容不得沙子，艺术作品的真实性是重要的原则性问题，创作者得慎之又慎。可今日看电影、电视剧"穿帮"现象已司空见惯，现代装饰包括盆栽花木为今日引进品种，盆钵则是花市场的新款式样，这些屡见不鲜的不足为怪，什么时候成了这样，想不出，"穿帮"不再被认为犯忌，真的不懂。曹雪芹在《红楼梦》中的盆景描述，大师笔下盆景所用材料、盆器型、山石、花木的形象皆为详尽精准的文字，为今人留下可考可证的历史记载，那是文学的价值所在。看《红楼梦》书字里行间，想着粗制滥造的影视剧，替某些影视"艺术家"汗颜。

行走在中国盆景文化历史间，回顾中华文明史会明显感受到：区别古老艺术如占卜术、炼丹术、傀儡戏等的消亡与消失，会由衷感叹盆景独善其身地世代传承。盆景形式之多，数量之大，受众群体之广，文化内涵之深厚，全得益于"根"深深地植入民族文化"土壤"中。自古以来盆景有"外师造化，内得心源"制作原则的"戒律"所致，行规或从艺原则是任何艺术无一例外的生存之道。盆景有强调艺术原创性，有坦荡的情怀、大度的气概、包容的胸襟，不懈追求艺术创新，汲取精华融入自我的精神。这一切促成了盆景由初始简单的盆栽园艺活动，历经千余年生存、发展、提升、传播的实践，完成了独具艺术性特质的华丽"转身"，盆景成为仁智所爱的艺术形式，成为国粹艺术。

设想，如果在日后的百年、千年间，能有某种体裁的书籍如曹公《红楼梦》那般，绘声绘色地详尽、精准介绍今日盆景风貌，该是今人、后人的幸事。

盆景的品鉴与展评

　　在中国，各盆景地方流派艺术渐成历史，自然式盆景制作形式已成主流，新的理论与制作模式尚待完成的今日，如何引领艺术发展与进步工作就显得很迫切了。看今日自然式盆景制作，让我记起李树华博士所说的"现阶段的盆景制作进入'战国时期'"的评说。看盆景纷纭，确有各路"诸侯"的拼杀，各领风骚地独往独来的风光。也会看到艺术繁荣景象的背后，渐显技艺与展示的无序，问题应引起我们的重视，以个人所闻所见所想试作探讨。

　　看当今各地方的盆景制作，各路"诸侯"随心所欲地尽显本领，却难成个人或地方风格，更不要谈流派的制作。艺术活动的无序，突显了盆景理论的滞后。这样的话题更深层的意义，是指自然式艺术风格并非漫无边际的自由式，更不是不尊重树桩原生态树貌一味地依个人的心愿，甚至以市场的需求为目的地大施巧工之美的制作。还是那句老话：没有规矩不成方圆，所谓自然式应有自然式的法则与技艺。可以讲，相关理论的成立与否，关系到今后艺术的进步与发展，关系到国粹艺术的传承。

且看当前盆景制作的"自由发挥"，多为大范围的跟风，或地域间的抄袭或仿制。实质是少了文化理论的支撑，其结果难以形成个人风格，少了艺术风格，也就没了流派风格，没了艺术流派，谈何引领艺术、推动艺术的进步，盆景的民族风格何在？说来原因也简单，就是缺乏艺术品鉴与展评的创新。直白地讲，品鉴能力是艺术家的基本素质，能品盆景，才能做盆景，眼高手也会随之高，会看是会做的前提；艺术评论的作用，在于指出作品乃至业态利弊地引导艺术进步，一件迫切又很要功力的盆景大事情，不容忽视。

盆景两千年的传承，鉴于历史上传授方式的局限与文化传播手段与媒介的欠发达，在相关文化理论方面凸现"苍白"，也是很自然的事了。近三十余年中国盆景在重生后以超乎想象的能量，尽显盆景"根"的深广。在盆景传统地方流派艺术风格渐微式背景下，自然式风格以主流地位在华夏大地大放异彩。可喜可忧，喜的是百鸟争鸣地悦耳妙趣横生，忧的是跟风模仿者居多难成艺术风格。究其原因我认为是盆景理论滞后于盆景的发展，在引领艺术进步上存有缺憾。因此，如何重新建立相适应的艺术鉴赏与技法评价标准，包括展评规则的制定，做好盆景艺术理论研究显得很紧迫。这不仅是为弘扬盆景文化，也是中国盆景的可持续发展，做大、做强，走向世界的基础。

推介盆景艺术，是个文化课题，文化本身的内涵丰富深厚，对它的解释学术界也有多种版本。文化学者泰戈尔认为，文化是人先天和后天所得到的"心灵的建构和观念"，包含"态度、意义、情操、价值、目的、兴趣、知识、信仰"。英国人类学家泰勒认为，文化是个"复合的整体，其中包括知识、信仰、艺术、法律、道德、风尚以及人作为社会成员而获得的任何他们能力和习惯"等。

盆景文化固然涵盖其所指，笔者以为仅就盆景单一种艺术形式的文化思考，可否简约地分为人予盆景的"感知""感想""感觉（悟）"所有包含的人文内容，基本可以将盆景的"魂"讲明白了。我认为，感知是人对盆景"物象"与"心象"的把握，盆中景的形、势、态，为人视觉、嗅觉、触觉感官的认知，表现为心目中"景"的生成；感想，依个人学养，通过联想与想象盆中之景，或曾经游历过的实景或见过的图景照片或臆想中的美景。而派生盆中景内含的"诗情画意"，表现为人在盆中"神游"的境界；感觉，汉语词汇"觉"与"悟"对勘，"悟"本为禅宗语言，指人的一种最高格调的感动。"觉悟"全因生成意境美的感动，人的情感、观念投射到客体，心灵与景的相交融，即"移情"地化物为我、化我为物，即超越盆景的"象"与"意"地升华至"物我合一"的境遇。

这样的认知、想象、移情的心路历程，全然盆景"树木清供"文化本质所决定，即赋予树桩人精神的寄托。可否讲，人予盆景的"感知""感想""感觉"为盆景艺术审美"三步曲"。

十多年前我曾连续在《中国花卉报》《中国花卉盆景》和《花木盆景》等报刊、杂志发表文章，呼吁重视盆景理论研究工作。今日温故知新地将多年予盆景的心得体会、文化思考写下，我在想假如能对盆景的品鉴与展评进行分门别类地设定，能否会对改善目前盆景评价体系滞后、理论苍白的现状有所帮助？有所突破？这是我的期待。于是产生了盆景的"清、奇、古、怪"树相说的想法，曾撰稿于中国盆景艺术家协会《中国盆景赏石》会刊，试想抛砖引玉地展开探索。

我想盆景的美，在于盆中树桩富含人的意志，实现着物与人的"对话"。一种供人们以爱慕之心观赏、把玩地置于庭园、案头，成为人们清供玩赏的心仪之物。在他们心目中，盆中的树桩象征着树木、象征着自然，一种诗化的自然，一种可以触摸到劲枝与柔叶、可以亲近的真实自然，一种经过有章法技艺修剪，体现人心智的"树"相貌，成为人心目中理想的"树相"。

赋予树木的相貌以"清、奇、古、怪"的誉美之词，出自清代对中国传统文化艺术研究很精道的乾隆皇帝，在他南巡时对苏州光福司徒庙内四株汉代古柏树的至深品鉴，蕴含天地之大美的赞誉与评说。形态各异的汉代古柏为上天鬼斧神工之作，无以伦比的大雅之作，经典的自然奇观千百年来成为盆中树桩制作的"楷模"，盆景创作的艺术源泉。

乾隆帝为四株经风雨雷电后各呈独特树貌的汉代古柏，分别题名《清》《奇》《古》《怪》，道出独特的品鉴。品有标准、品评、品相的内涵，其中《清》柏主干高矗挺拔、枝叶疏朗润秀，一派清朗俊逸的韵味；《奇》柏主干折裂朽断、皮连绿枝，有枯木逢春的意象；《古》柏主干粗壮苍劲、缺枝少叶呈古朴刚健状；《怪》柏卧地三曲如游龙走蛇，满枝苍翠壮丽，十分灵动。汉代柏树清、

苏州司徒庙内的"清奇古怪"汉柏

奇、古、怪的品相,潜移默化地影响着苏州的盆景人,折射在苏派盆景中,表现有清雅拙朴之风的技艺传承。

我们常讲,学技要先学文,文指文理,即盆景制作理论与技法,可谓文理通,一通百通。能品味才会做美食,会品盆景方能动手制作,再通俗不过的道理。因为技法是手段,心中有无章法(文理)是制作者技艺成熟与否的标志。否则盆景树桩制作得再像模像样,充其量也就是个模仿秀,也仅是技法,不是技艺,更谈不上创建个人风格,这样的例子比比皆是。功底不够难成大家,艺术大师皆为谙练中国盆景艺术理论和技艺,又能另辟蹊径地开创个人艺术风格的杰出人才。故盆景艺术的进步应理论当先,唯此为大。

　　欲借古意试将盆景树桩冠以"清、奇、古、怪"的树相分门别类，讲的是树桩生成的典型意象，并非具体的树型，树桩造型意象为一种树相美概念，例如：大树型、古树型、文人树的称谓。"相"为佛教名词，佛教把一切事物外现的形象状态，称之为"相"，如火的焰相、水的流相等。树相指树桩的形与势与态予人美的印象，为树形象美的特征，是较抽象的美学概念。

　　树相的概念早已运用于中国盆景的艺术实践中，它表达着一种混沌的美，为文化层面的定义。《清》《奇》《古》《怪》汉柏固有的美学内涵，我想已经基本概括了各类盆中树桩的树相。树相关系盆景的立意，产生于制作前的腹稿。现行所言的直干式、双干式、悬崖式以及风动式等树桩造型，完全是技法层面依树桩外观感知的分类，讲的是制作的具体结果，不涉及美学内涵。以树型的制作结果的分类方法，盆景制作者的创意可能受制于过于具象树桩"型"的表述，忽视了人对树的"感觉"。

　　给盆中树桩外在形象冠以"清、奇、古、怪"树相，盆中树桩会依作者心中对树的感知与感觉，为艺术美的品鉴。心中理想的树相，为制作者或欣赏者提供了树桩特定的美与审美，即依宽泛的"意象"，一种混沌树相美而为的作法，即有艺术鉴赏力的制作。依树相而为的作法，无疑为盆景树桩的制作营造出极大的艺术空间，体现了盆景精神产物的特质。其效果好比中国水墨写意绘画，作者仅在纸上勾勒出基本的形和欲传递出的气、神，既意象清晰又线条抽象地表达画意，能带给人们极大的想象空间，为中国传统文化艺术的传承之道。

我认为，以"清、奇、古、怪"特定的树相分类，基本概括了各类盆中树桩的外在形象。可以囊括历史与现行盆景树桩美的基本类型。这样的树相美感千百年来已深入人心，成了盆景树桩制作"摹写"的对象。这样的认知影响着中国盆景，成为盆中树桩不成文的审美。且看今日经剥皮、拉丝刻意雕刻尽露"白骨""神枝""舍利干"的造型树桩，也不过是"怪"之列；至于所言的大树型树桩，则属于"清"类型；古树型已经自我标榜为古的内涵或古画中古树画意；至于那些流行的悬崖式、风动式等及新创形式皆可以归入"奇"的类型了。

中国盆景传统的制作是依树桩原形态地"因材施技"造景的理念，尊重树生态特征的意识吻合以树相归类方法的作法。现行树木盆景的树桩分类，多为技术层面的技法指南性质，讲的是制作的结果，不是引领艺术活动的创意，不是讲"心源"，与艺术的规律与盆景文化理念相悖，有束缚人的艺术创作力之嫌。引用一句友人的话：古人制作树是按照树原本生长趋势而进行美化，但现代人创作盆景喜欢生硬地把它们按照人的设想，捆绑、雕刻造型……读到此语，我只能说人心不古呀。凭借主观意识照本宣科地生搬硬套，机械地过分强调巧工之美的树桩制作，忽略了盆景与人亲密关系的文化本质，忽视了树的"性格"美，为有碍盆景健康发展的美学，不宜推广。

所言的树相说法，可理解成为"唯巧工美"艺术倾向的盆中造型树桩注入"魂魄"，即以"清、奇、古、怪"的文化内涵设定富含人文精神的制作"标的"。为树桩制作的依据与可操作性的保

障，趋于更完美的标准，可以慢慢"咀嚼"品味，也就是体现了人的"感觉"或"悟"。"形神兼备"是中国盆景的一贯追求，不可偏颇，这延续了两千年的艺术传承。

盆景是人心目中艺术的再现，为表现艺术。汉语语汇的"心"字，指思想的器官和思想情感等，"心目"系思想情感与视觉器官，因此产生"诗情画意"的品鉴，油然而生的意境美令人赏心悦目。盆景表现天地之美、树木之大美，且以盆中树桩意象为依托，其中的"象"指物，"意"为超越物的"觉悟"，即人心与树的融合。表现出"清、奇、古、怪"特征的树相，千百年来已成为盆中树桩的经典意象，成为人心目中永恒的"树木清供"艺术形式与文化内涵。它是一种象征，树木情结的传递，依人的经历对盆中树桩有了更多的联想与想象出的树木或树林，于是人在盆中"神游"其间，进而"物我合一"地感悟着"清、奇、古、怪"树相富含

"清奇古怪" 史佩元作

的人"性格之美"或"言情明志"的内涵。

盆中树桩采取树相分类模式,例如有"清"系列、"古系列"、"奇"系列、"怪"系列的设立,面对纷纭繁复的树木盆景制作,如此分门别类可依各不同系列艺术特征的审美取向而为,技艺风格明显,便于制作。将会对指导盆景树桩的制作与评价作出更为精准的参照与比较,有利于推动"合而不同"文化理念下追求个性化的盆景制作,有利于艺术繁荣。依据如此分门别类的审美取向,有望更规范科学地制订树木盆景的评价标准。盆中树桩表现出或"清"或"奇"或"古"或"怪"的树相,就是统一的主题,在这个平台上树种与树桩的大小,甚至树龄已经显得不那么重要,考量的是"扣题"与否、创意与功力。

纵观中国盆景状况,我想唯有盆景行家里手们、各路群英以不同树种、不同技艺共同去表达某种树相之美的竞技,才更显作者的"心"与"计"(技),且可以学会尊重树木,珍视树木之"性格"美,还盆景的本原。举一个不十分贴切的例子:时装表演的服饰是分季节的,而且一定有明确的主题,艺术是相通的,如此这般,盆景制作一定是有方向性的"主题"且更丰富有趣。

这让我记起曾经对日本基本三角形树冠盆栽的误读与误解,随着中日盆景交流的增多,才明了其背后的文化渊源,体现了大和民族文化的三角形树冠模式的地栽树桩造型,实为成功地向世界范围推广的日本流通型盆栽。我想中国盆景的对外传播与交易当今缺少的就是盆景独具的外观印象,缺乏清晰的树相概念。试想,当我们的盆中树桩在固有的民族文化内涵基础上,表现出经典的树相，有了主题的制作，有了特征明确的基本类型，冠以"中国盆景"。如此这般典型的外化形象，如此"装扮"地走向世界盆景"舞台"，定会大放光彩。

当然盆中树桩模式以树相品鉴的分类方法，摆在中国盆景人面前的是一宏大的课题。要建设一个规范的制作与评价体系，研讨相应的技艺、制作程式及评比条件等，"品"字本身就有"标准"内容的解释，如品级。例如"清"系列树相，应用的树种、盆中树型的基本模式、修剪的要求及鉴赏评比的要点等。如此分门别类我想将会产生一系列具有建设性意见，以规范盆景的类型，关于作品形、势、态的标准等，这将为树桩的制作提供更多的理论依据和制作标准。

树木盆景的评价标准，目前在体量、修剪、盆面处理等的硬性指标外，更多的是靠评委的印象分了。也是各类各级别盆景展评中最令评委们伤脑筋的事了，印象分过高的评比易失公允，原因是印象与各人审美欣赏习惯及个人的学养有关。展评难以量化或缺失相应考核条例，不利于指导技艺发展和引领艺术进步。任何艺术的进步都需要建有一个不断促进良性发展的大环境，展评标准对予引领盆景的制作举足轻重，无疑需要有强大理论支撑的纲领性指引和可以胜任的技术保障。

现行的盆景体量等硬性指标考评可渐弱化，施以强调作品气韵，追求个性化的"清、奇、古、怪"树相分类的审美评价体系。以树相品鉴优劣作评价模式，即不以树桩大小论"英雄"，唯有形神兼备见高低的审美，将有利于抑制当下树桩过度施技、向大体量发展的倾向，鼓励作品的原创性，还盆景艺术本来面貌。制作与欣赏方面制定有清晰的理论依据、标准比照及鉴赏的内容，梳理出规律性的东西，指导艺术进步与普及。

这样的做法，在中国诸多传统艺术门类中都是这样完成的，比如：中国绘画虽然都是水墨与宣纸的艺术，却分别有大写意、小写意、工笔画等之分；国粹艺术京剧也是分有"生、旦、丑"的不同行当，其说、唱、念、打各有千秋；歌唱有美声、流行歌曲、民族等的唱法之分。这些行当之间的评价与比赛，全然不在一个"竞技场"里角逐，而是分门别类地开展。原因是各种不同形式的艺术表现有各自不同技艺与理论的支撑，它们之间没有可比性。

某国著名设计大师来华讲学曾说道：视觉艺术要酷。一语道出没有鲜明个性、非典型的艺术，其视觉效果必然缺乏艺术感染力的道理。立体造型艺术的盆景与其他造型艺术雕塑、插花包括建筑等一样，均要突出一个"酷"字（就内心感受我不太喜欢这个和"残"组词的字，沿用"酷"只因一时找不到代替的词或字而已）。现代语境的"酷"字，实为极致的典型，即典型的外观、典型的色彩、典型的创意、典型的形象。以"酷"这样极致的艺术语言刺激人的感官，塑造视觉冲击的强烈效果。

观传统地方流派盆景杰作的扬派巧云树桩、苏派六台三托一顶式树桩、海派的微型盆景、川派的老妇梳妆式树桩、岭南派的蓄枝截干技法等，用今天的话语评价其实就是一个"酷"字。表现出地方流派特征的强烈视觉冲击，很是夺人眼球。它的酷，酷在盆景艺术语言之经典，凸显地域文化内涵，与人文观念的融合，

构筑了艺术风格特征经典的地方流派艺术，共同构筑了中国盆景的民族风格，成为国粹艺术，为世界盆景、盆栽人仰慕。

　　一个新事物的产生往往有几种原因，比如为解决现实中出现的问题，或为推动更大进步等等，因此产生改革的愿望与动力。盆景的"清、奇、古、怪"树相品鉴说法和建立与今日盆景纷纭盛况相适应的展评模式创意的提出，一切是为重塑中国盆景强国梦的实现。因此有了不同于现行审美与审美标准的念头，也就有了诚惶诚恐的期待。

"清奇古怪"树相观照表

	树型	树相	树种	技艺特点	艺术特征	标本注释
"清"系列	主干明显、枝繁叶茂大树型或枝干稀疏小桩	健壮、挺拔、清朗俊逸或禅意十足	松柏类，小叶密枝杂木类	一寸三弯、截干蓄枝、平行枝等，过渡枝自然，剪子功见长	树干苍劲、生机旺盛或富禅意，外观形态自然，内中韵味清雅	代表作为岭南派大树型、文人树的孤干疏叶造型
"奇"系列	有别传统树型的斜干、卧干式等	突兀、多变化、形、色奇特	有主干的杂木类，包括观花、观果或藤蔓类等	多跌枝、探枝，多曲线枝干，以蟠扎、牵引功见长	树干造型奇特，不拘一格地夸张，势感生动，观花、观果类艳丽夺目、富视觉冲击	经强力牵引、拉丝等技法造型的树型，彰显奇特效果。传统是悬崖式，也属平中见奇佳作
"古"系列	多年老桩树型，包括丛林式，盘根错节	古朴、刚健、渗透年代感或有古画树意	少叶、枝壮的松柏类或生长缓慢的乔木	突显枯干、舍利干神枝造型的传统技法，重视根部的处理	苍劲老道，枯荣对比强烈，有枯木逢春感。苍劲中见生机，古拙中见动力	造型养护到位的多年老桩，刻意造型的附石、附木型显经典
"怪"系列	区别常见树型及有新形式作品	灵动、壮丽、别具一格	乔木、灌木类的草木，苔藓类均可，包括盆器及装置的创新作品	造型有创意，用材广泛。突显巧工之美的制作	有新意、有创意、有生命力的各种形式之作	风动式、各类"现代盆景"均属此系列，如草木类盆景具有不同凡响的艺术效果

第四讲

雅趣，盆景的理想境界

盆景的起源有多种说法，有远古说、汉唐说、宋时说等，各有物证。但目前业内多数人倾向汉唐始的说法，即以唐代章怀太子墓道壁画作内容为依据，也就是普遍认为中国盆景有两千年文化史。

盆景历经两千年传承至今容颜不衰，且风华正茂地不断进取，为中国各传统艺术门类中除陶瓷艺术外的特例，可谓"骄子"。陶瓷予世界的印象，同于国名的陶瓷音译（英文 China），这是国人的骄傲，同样"漂洋过海"的国粹除了陶瓷，我想就数盆景了，同样的历史周期，同样为世界文化现象。看盆景在亚洲、欧美地区甚至非洲很多国家都有全国和地方性的盆栽社团组织，一些国家的小镇也有，国人的骄傲。

回顾盆景两千年文化历史，路漫漫，是国人苦苦地渴求艺术美的寻梦之旅。盆景自汉唐始至今，绘成一幅幅各历史时期不同内容与式样的画卷，艺术史的画卷。读史使人明鉴，脑中渐渐地萌生："埏埴藏雅"的话语，关于盆中造景艺术美的词汇。"埏埴"一词取自哲学圣人老子名言："埏埴以为器，当其无，有器之用"。所言的埏埴，指用泥水和土，以此制成的器皿，它的"无"，即器物里面的空间，为有用之处。在这里刻意将词意延伸：用土和泥水（埏埴），制成的盆钵，且在盆内盛装土和泥水（埏埴），用来栽植树桩、布置山石与放置配件，如此这般地成就了盆景。

"埏埴藏雅"，大意指以土与泥水烧制的陶瓷盆钵中放入泥土，开展盆中造景，力求盆中景蕴蓄雅趣审美的艺术行为。让我联想到金屋藏娇。成语词义解释有点绕嘴，古汉语的"埏埴"一词，今日看来有点生僻，读出来还上口，意义还贴切。"雅"的概念，为中国传统艺术推崇的境界，"雅"字王国维先生解释为"古"，指高尚不俗的意思，面对俗不可耐的社会风气，人们往往以"人心不古"一言以蔽之。

历史各时期各地方流派的盆景艺人为了表现对天地之大美的感动，在盆中造景，制作出各自心目中"雅"的"世界"。一个"雅"字成了中国盆景人千余年的梦想，以"大美无垠"的审美，无极限地在广阔的艺术天地寻觅与发现美，盆景于是有了永恒的眺望与渴求，盆景制作"无法度"般自由自在地抒发人的心智，艺无止境地不懈追求。所谓艺术创作的"无法度"认知，为中国"无为"传统哲学的理念："无法"即法，实质为不拘一格的作为。盆景以"雅"至上的审美标准，为审美无极限，唯此为大的法度。盆景制作"藏趣"的造景，为千余年华夏各地域盆景人视为艺术的终极目标，盆景的审美理想。

在中国艺术文化历史上，任何艺术形式一旦与文学"搭界"，就会生出飞翔的翅膀；一旦有了文人的参与，就会艺无止境地驰骋。源远流长的盆景艺术恰遇文学与文人，盆中造景千余年不断地弱化园艺性，强化艺术性的传承，创造了独特的艺术行为，创造出气韵生动的艺术语言符号，并以这样的语言在盆钵中营造出鲜明、生动的意象，从中渗透、蕴藏"雅趣"。

盆景自宋时起和其他传统艺术门类一样，以古拙、雅趣审美为主流、为规范的美学。追逐盆中之景蕴藏的雅趣，盆景的审美理想，是传统士人文化的表现，是中国盆景人千百年的追求目标。盆景人心照不宣贯彻始终的盆景审美理想，亦为中国盆景千年容颜不衰的"秘笈"。

中国古代各文化艺术门类都有其秘不告人的"秘方"，被称

九里香盆景　萧庚武作

之为"秘笈"。"秘笈"也称"秘籍""秘技"。指不同于其他公开的信息文字物件，有一定非公开性和实用价值，是干某件事情的重要方法、诀窍。秘笈在中国古代多集中于宫廷或大家手中。它是一种传承的方式。词汇演变至今其内涵已经宽泛了许多，例如武侠文学所言的秘笈、就是武功秘笈、秘技，盆景悠悠两千年的艺术传承，也一定有的。

中国盆景历来有重技艺、重作品，不重文化传播的倾向，盆景制作技艺多在父子、师徒间口口相传地传授，为数不多的古代盆景专著或因不以为"学问"，或因传媒不发达地被束之高阁。被誉为高雅艺术的盆景，或因高深的理论、高难的制作，被视为有着高不可攀的"距离"，唯有另辟蹊径地以独有的方式传承。即从现实中去寻觅那些被人们久远运用着，包括至今尚未明言的理论与人相应的"生命体验"，也就是从个人艺术实践"悟"出的艺术真谛；挖掘那些被各时期流行语境下掩盖着的，曾经熟悉的，实践着却又不以为然，"存活"在中国盆景人心里千年，疏于解惑或"秘而不宣"的文化理念，那些未曾写入"书卷"的"道理"，或可以称之为"秘籍"或"秘笈"，是指"不宣"而言。

我认为，所谓的"盆景秘笈"，系中国盆景人千余年的艺术传承之道。可以解释为：对于某事物的传播或因内中的复杂奥妙，或因古代文化传媒的局限性；传统雅文化强调艺术家的学养，注重内心的修炼，如中国画的传授要求学者要有"悟"性，即授业以悟性去理解，非言传身教所能做到，经典的传授之道，盆景的"秘籍"亦属此类。"埏埴藏雅"讲述着千百年来盆景制作奉行的主旨，恪守的道德、艺术性的特质、追求极致的技艺、独特的欣赏习惯等，关于盆景的美与审美及审美理想，千百年遵循的艺术原则，世代守望的文化传统。千百年来，他们"心照不宣"地将有关盆景的所思、所想、所作、所为，习以为常地运用，并非刻意"秘而不宣"地传承技艺，一种习惯以"意会"的方式，传递思想与行为。这些"意会"的传承之"道"，称之为"秘笈"。如果说名不见经传的"埏埴藏雅"文化内涵为中国盆景传承造就了艺术的千年容颜不衰现象，而称之"秘笈"，也不为过。

汉民族称美的语言为"雅言"，如诗歌的华丽词藻与动人心灵的情调；美的音乐为"雅乐"，指曲中正平和词典雅纯正。"雅"是一种引领文化时尚的审美标准，"雅"即正规，合乎规范的美、极致的美。中国文人的审美品位：尚古的情趣，诗意的构景，宁静清幽的境界，烘托着自然之大美的情调。无疑盆景恰以"士人雅趣"的情调，引领艺术的进步且得以千年传承。

"雅言"与"雅乐"是高雅艺术，是要洗耳恭听的。素有"阳春白雪"美誉的盆景，也非"宜静观，须孤赏"不可。唯此方可以从中寻觅着让人动情、动容、动心的情景交融"内核"，即通过妙的选材、精的制作、细的养护，共同营造出盆中"雅"的意象，直至抵达到艺术的彼岸。这样的感动，你一定会在音乐厅或大剧院或美术馆或一些高端盆景展览会场上有过。

影响中国几千年的"儒、释、道"思想赋予传统艺术独具的文化内涵，盆景艺术提倡儒家"严谨、规整"的理念，道家的"自然、清净"的风骨和释家的营造"空灵、禅意"意境的审美。世

代沿着规范、自然、清寂的美学轨迹行进，"雅"的美感成为盆景永恒的审美追求。

盆景各历史时期"雅"的审美标准，也会因不同人文背景而不尽相同，可以讲，一定是受当时期主流文化，也就是士人审美情趣的引领。例如元代经盆景大家韫上人倡导称之"些子景"的小型盆景，成为时尚；明代则以放置几案上的盆景为上品；清代庭园里摆设的多为中大型盆景；各时期不同的盆景有着共同的特点，就是雅趣之美含蓄地深藏于盆中之景。

当代国学大师季羡林先生曾讲："讲国学一定要讲士人，贤士们钟情的是竹，是树，是林。"传统的"贤士"泛指广义的先进知识分子，在当时社会有话语权的文化精英，他们的言行往往引领社会的文化导向。大师讲的是士人与树木的至亲关系，中国传统的美学观念。士人对自然山水和环境景观审美活动的主体地位，以崇尚自然和植物作为人格寄托，如竹的"文人气节"、松竹梅的"君子品德"等，体现出中国士人传统意识"比德思想"。

古代书画大家郑板桥言："宁可食无肉，不可居无竹"，士人们以居所有竹木为雅，为美的情怀，以节节上仰、内中空的竹子，喻文人清傲、谦逊、虚心的性格之美，典型的"士人雅趣"。传统的"雅趣"审美，至今仍影响着中国人对竹、对树、树林的偏爱，这也是中国各地的园林多植有竹子的原因所在。寄托人的思想情感于物的文化理念，久远地影响着中国社会各阶层，崇尚自然的思潮在汉民族世代传承，融入民族文化基因。受传统士人文化的影响，盆景千余年来对艺术美的表达，全然文人的意识，倾向于老庄哲学的顺应自然，超凡脱俗，讲才情、讲风雅、讲气韵的美学。

雅的情趣包含古雅、秀雅、典雅和淡雅等内涵，倡导以简单中蕴含深远无穷韵味，素有大巧若拙、大雅若朴的美学理念。这种理念的盆景艺术，千余年来培养艺术家们追求古拙境界的情趣，于是枯槁美、孤寂美感渗透于作品中，营造盆中有自然界中大树、古树状树桩的巧工，为士人美学思想的表述。盆中造景"藏雅"的审美理想为艺术创作奠定了基调，华夏各地域的盆景人为实现同一目标，不拘一格地孜孜以求。对"雅"的理解与把握因人因地而异，表现为作品典型的个人风格、地方流派风格，乃至民族风格的形成。

宋代文人晁以道讲："画写物外形，要物形不改，诗传画外意，贵有画中态。"讲的是诗画的离合异同，指画外意待诗来传，

松树盆景　韩学年作

诗有画所绘出的形态。以中国画论、古典造园思想为理论基础的盆景艺术，秉承"非高人逸才不能辨"的品质追求，讲气韵、讲"生意"地强调人对自然生命体验的艺术倾向，极大地影响着人们的审美欣赏习惯。于是盆中造景强调表现出诗情画意为美的艺术标准，讲的是盆中造景情景交融，相互渗透，景中蕴含是情，情表现为具象的景。盆景艺术家徐晓白先生有诗云："要知盆景妙，画意与诗情。神似超形似，无声胜有声。"为中国盆景艺术美的高度概括。诗情画意美的本质是透、苑、逸趣的审美情趣，逸趣也称雅趣。如中国诗歌的含蓄，以心灵绘声；中国画的意境，以心境绘色；造就盆景的"意境美"为艺术最高境界。于是传统盆景有"阳春白雪"的赞誉，高雅艺术自然和者寡，加之高难的制作与养护，属小众的艺术。

盆中造景"藏雅"的审美理想，为艺术创作奠定了"基调"，为实现同一目标不拘一格地孜孜以求。"埏埴藏雅"的内涵可谓中国盆景两千年来永恒不变的文化内核，一刻不曾放弃或不敢怠慢的美学理论。纵观历代盆景精品佳作，均表现出中国传统艺术讲气韵、讲"生意"的特征，造景制作极致的技艺，雅趣自然蕴藏其中。

尊崇"和而不同"的文化理念，赋予盆景雅趣内涵的审美标准，为"和"文化的一统。盆景之美传统的解释为"诗情画意"意境美的陈述，情意绵绵无止境，理想境界终极的美从不直言。自始未阐明"雅"基调的具体内涵，欲以"大美无垠"的宽泛理想境界，赋予盆景制作施展个性予以极大的"自由空间"。旨在创造鼓励在"和"框架下的"不同"，即追求个性化的艺术大环境，而"自由"

则是艺术创作的前提。

　　赋予中国盆景"雅"的终极审美标准，明确了美的终极目标，又不拘一格地拓展了审美（制作与欣赏）。促进了千百年来盆景艺术的"百花争艳"现象，新生"血液"的不断涌动，令中国盆景容颜千年不衰。这样的文化理念与艺术理论的支撑下，盆景历史上才有了层出不穷的艺术形式和技艺的多样性，历代皆有众多个性风格的盆景艺术家涌现，引领地域盆景制作群体，在中国长时期有多个盆景地方流派艺术风格得以繁衍、共存，共筑民族风格。

　　我在想，在漫长的中华文明历史长河中，曾经有过众多的民族文化艺术形式与门类经历辉煌后都相继消亡了，例如傀儡戏、山岩画等等。是什么让盆中造景的艺术形式独善其身地得以两千年的传承？答案似乎与审美理想有关，设定一个明确又永无止境的目标，即盆景雅趣的追求让艺术永生不泯，任凭世事迭变，可能会有一时凋零，也会起死回生地重现辉煌。盆景艺术近三十年来由几近"零"的重建到今日倍受世界盆景界瞩目的变化发展就是例证。

　　雅美的终极为大雅若拙、大巧若朴，辩证的艺术美学，何等的智慧。几个"大"字带给人无穷尽的理解与渴求，带来中国盆景人两千年的追梦之旅，至今仍在攀登这永无止境的艺术巅峰。于是世代盆景人独具匠心地营造心中"雅"的景色，利用艺术素材：树桩与盆钵、树桩与树干、树干与枝条、枝条与叶、树冠与干与根以及配件、托架包括表意汉字的题名等盆景素材有机地组合，营造出特定的艺术氛围，传递着内中的雅趣，情景交融地表达盆景的意境美。

　　在我国清代就有盆景和盆树之说，将不能表现出意象的盆栽树桩作品称之为"盆树"，"盆树"是靠无情地采挖野生树木、桩蔸用裁截、剪扎、蟠扭、雕凿等手段制作而成的纯直观形象的工匠之作，属单纯的园艺活动。这样的认知与分类方法源于传统的中国艺术美学，追求作品个性、追求内在的雅美，强调气韵生动的意境美，独特且可望可及的审美理想。

　　典型范例为风格迥异的"禅"意树木盆景。在中国盆景收藏家藏品国家大展的"盆景发展国际论坛"会上，我记下日本盆栽大师对"禅"意盆栽的介绍，大师讲："禅"学之美为超越外在的美，具体为不均衡的、脱俗的、自然的、简洁的、静寂的、威严的、含蓄的。他讲：你如果对树桩"禅"的形、势、态，对"禅"之美的不理解，就难理解"心与树的结合""人与树一同成长"的日本盆栽。原创性日本盆栽与中国盆景同为表达自然美，强调人精神体现的艺术。"文人树"盆景多年前经日本传入中国，广泛且热烈地被接受就是例证，可谓同宗同源的艺术，不同的只是表达的艺术"语言符号"。

　　"文人树"盆景有依古代文人诗意或仿古画树意的痕迹。多采用写意性的艺术语言，用最少的"笔墨"描绘盆中树桩挺拔、孤傲、独具神韵的树相。"文人树"盆景独特的禅意内涵在日本得以发扬光大，创作出很多极富气韵生动的精品佳作。"文人树"盆景表达出古朴、拙雅的意境美，浓郁的传统士人雅趣，有宋代绘画艺术遗风。

　　"文人树"树桩为高耸、清瘦、潇洒、简洁的造型，在树干五分之三以上部分布三至四个枝条，其中较长一枝弯曲并呈垂直而下状，在末梢翘起，也称跌枝的基本造型。主干修长、跌枝凌厉、树冠上昂的树桩造型所呈现出的"意象"，尽显昂扬清秀，如飘然而至的"诗仙""词圣"，一副傲骨仰首眺望远方状。为古代中国知识分子（士人）清高、自傲的志向和独往独行不羁的人文精神追求，作了最好的注释。

"文人树"为盆景的大雅之作，阐释了作者创作过程中因审美感而产生的意象为何物了。意象分有物象与心象，二者合一为意象，盆中尽显孤寂美的树桩，寓意自高自持的士人意识。赋予树桩以人的品性，彰显"物我合一"的移情于物，为传统"比德思想"。

"雅"文化相对于"俗"文化，俗为盆景审美之大忌。俗的作品无意境、无个性的"千人一面"，皆以"俗不可耐"理由摒弃之。盆景排斥平俗，不可忍耐平俗不堪，摒弃匠气、俗气，一切传统艺术的规律。盆中物件无章法的堆聚，无立意、无重点的盆中造景作品可以休矣，全因为在埏埴间弥漫的"俗气"所致。时下倍受关注的"盆景过度整型的趋势"、"树桩的健康美"等议论，表面看为树桩造型之争，实质是艺术品质之辩。如果一味地迎合市场，不尊重树的"性格"，远离自然美法则的过度人为地将枝干扭曲，或讨巧地刻意制造畸形的树桩，会有沦为"矫情"之嫌。古人讲究以看不出人工痕迹的施技为巧工，那么刻意而为的作品也只有沦落"风尘"而入不得厅堂。因此，自古盆景虽多由匠人制作，但为迎合消费者、满足审美需求，也一定要摒弃"匠气"地制作出体现"诗画"的意境美，遂风附雅地表现出士人阶层的文化品位。

多年前我曾撰文讲盆景人才的培养，其中讲到艺术人才的层

"清风傲骨" 文人树盆景 左世新作

次，写道：盆景界人士笼统地讲，大致可以划分为三个层次。首先说这第一层次的人是因法施技，也就是按照既定的盆景制作技法去制作各类各款的盆景，这类人是大量的伪技术型人才。第二层次的人是谙练盆景艺术之道，又能贯通各地方流派艺术，并在此基础上另辟蹊径地创造表现个人风格的盆景作品，此类人可称之为艺术家，他们的业绩赫赫有名，为业内所敬仰。而第三层次的人是少之又少了的大师级人物，大师知识面极宽，要精通古今中外各艺术门类之精髓，要学贯中西文化，还要注重个人品德、艺德的修炼，在艺术与思想层面追求无我无为的境界，也就是要达顺从自然、融入自然的境地，方可称之为大家的艺术大师，唯有达到此境界者方可创造出令人拍案叫绝之传世精品佳作。每个爱好者或从业人如能认清自己，认清在"艺术之树"上所处的位置，当下所处于盆景艺术坐标上的点，这很重要。

观赏艺术大师之作如名家字画，远处望去虽看不太清楚画或字的细部，只要看到其画面结构与气势就已令人仰视，气宇不凡！盆景大家的作品也同感：无论大小盆景佳作，均可以从中看出作者的气势，观赏树桩的造型、态势、气韵以及整个作品的设置，包括盆器的选择、配件的摆设、作品题名等都可以看出、读出一个人的性情、气质、志向和好恶。故凡大师之作，无论是树木还是山石盆景，皆以鲜明的个人风格著称。浑然一体，看不到刻意而为的痕迹，没有一丝的做作和哗众取宠，仅表现出一种身心与素材合一的意境，创作出盆景中"有我又无我"……的感觉。貌似平平的作品，恰恰是最真最美的，就像歌词中唱道：平平淡淡才是真。中国绘画巨匠齐白石大师，具有极高的艺术造诣，其作品很是超然地呈现生活的真趣，创作上挥洒自如，全不为功利所累，无处不在地传递齐派艺术的真谛。

几年前我曾与广东籍杰出盆景艺术家、中国盆景艺术大师韩学年先生有过一些交往，他是一位心地纯净、很富才情的盆景人。他命名的"品松丘"盆景园，别具一格。在那里我见到千姿百态造型独具被誉美为"韩松"的山松盆景，并且应邀前往其位于大良镇的家中做客，一座别致带院落别墅建筑式样的居所，一层客厅摆满他的艺术品收藏。有呈九曲八弯如龙蛇似弓形各式各样的原木，他的收藏皆无太多的加工，凸显原生态的韵味；且有不少器形独具的精美陶瓷，众多的朴拙不俗物件由室内顺沿着台阶延

文人树盆景　韩学年作

伸至庭园中，琳琅满目，物件间传递出大师对曲美多变化风格造型艺术的理解与偏爱。午间我们在毗邻水塘的会所共进午餐后，大家沿水岸漫谈盆景，他伸手水边的树上摘了些杨桃，大家站立在树下边吃着水果边聊着。韩先生是一位对艺术有自己独特审美认知和追求且不懈努力实践的盆景人；一位以谦和坦然、纯净心境待人接物的性情中人，很容易亲近的同仁、友人。

中国有句老话叫："物随人形"。盆景艺术家韩学年先生与他的盆景作品就是典型范例。有的取纤瘦空灵状干或根的松树小桩，有的取朴实无华的落羽杉幼苗盆中造景，尽显作品平淡见不俗、拙朴见清雅。线形状的枝干几经捆缚、牵引、修剪成盆树清雅萧疏状，或凌空横斜或曲直刚柔相间或纤瘦枝干、稀疏叶、刚劲根茎的盆中树桩。一件件禅境画意十足的盆景，渗透出孤寂气韵。凡见大师作品者，无不被其风格独具的艺术所打动，为韩先生独具的审美品位所折服。这其中也折射出广东或岭南地域的人文背景，在那有着一个谙熟传统文化艺术的群体。今人仍要有文人逸趣，才情方趋更完美，至少要有了解，作出东西才会有"味道"，耐看，不然怎知何为"雅"，何为禅境。2015年来在广州博物馆举办"荟雅南洲——明代广东文人的艺术与生活"的展览，汇集了全广东各地馆藏的书画、文玩，展现明代广东文人阶层的审美，包括习字、作画、弈棋、焚香、抚琴、清谈等内容，旨在介绍文人艺术旨趣和风雅情怀。这样的特展，在其他地方未闻。

艺术大师的涌现，是艺术传承过程中很自然的事情，就如瓜熟蒂落般，只是出自精神之树而已。一个注重追求精神高贵和心灵纯净的民族，必将时时都在不断地构筑、完善本民族的精神殿堂，艺术上的不懈追求在于努力使自己的民族相信崇高，相信永恒，相信精神境界中的一切的高贵元素。盆景"阳春白雪"的艺术品质，全为历代的盆景"达人"心智与辛苦的塑造，注目盆景，向古今大师们致敬。

记得2015年偶见《北京晚报》上有题为"公园不野不美"的文章，因事耽搁未能读到全文。不过从题目可以解读出作者的用意，野美即自然、即真，很有见地的命题。几年前北京市城市绿化美化的新政，要求市内绿地要乔灌草混种，营造自然状态的"野趣"，以表现出大地万木争荣的美，一种崇尚天地之美的理念。美文题目与绿化新政的核心内容相吻合，景观美学的进步，强调人与自然的亲近，置身于原生态逸趣景观才是城市人的最爱、最美。山野之美为大美，大美无垠说的就是原生态变化无穷尽的自然风光。人类生息的故地，才是乐园，表达山野树、树林之美的盆景，全因与园林、山野审美的相似而惹人喜欢。

看当下业内有对盆中树桩过度施技、向大体量发展的趋势。我认为，这样的倾向有悖盆景艺术的本原。为炫耀巧工之美地将盆中树桩搞成"光怪陆离"的样子，既不尊重植物的"性格"，也有欲将人与盆景间的距离隔裂之嫌。如此这般的艺术，看上有如树木雕塑或景观树的印象，少了尽显山野树木自然本色的亲近感，如此这般，盆景"神游"的魅力何在？！制作树桩是按照树原本生长趋势进行美化的驯养，现实中时有人创作盆栽是生硬地按照人的设想刻意地制造树型。我以为，凭借主观意识生搬硬套的造景，机械地强调巧工之美，忽略了盆景与人"树木清供"的文化本质，忽视了树的"性格"美，忽视了树不能移动不会发声的生命价值，有碍传统艺术健康发展。

盆景"埏埴藏雅"的美，力求超凡脱俗地追求个性特征的雅趣，中国人心目中的极致美，为历朝历代人们所推崇的，亦为千余年引领时尚的审美标准，盆景艺术的美学基础理论。营造一个尢平俗的艺术环境，以"雅"的审美情趣建立盆景美学的"秩序"。无疑为盆景的制作与欣赏提供了广阔的自由空间，自由确是任何艺术门类进步的前提，也才有了盆景两千年的寻梦之旅。

这样的文化背景，影响着盆景"雅"的品位，盆景人"不俗"的品位。"雅"文化理念体现着盆景艺术的审美与价值取向，千余年来令盆景成为"仁智所乐"的审美对象。

携"雅"的审美理想，秉承"和而不同"哲学理念的技艺，中国盆景千年容颜不衰之秘笈。

盆景的中国气派

21世纪初，抽象雕塑大师亨利·摩尔先生的经典作品在北京展出，一种极无规则、无具体概念的立体雕塑，由曲线与弧面组合成形不似、神也不似现实中已有物体的立体造型艺术品。西方艺术家眼中很"酷"的艺术品，摩尔的作品在北京受到格外的宠幸，让国人也对"酷"的字义有了新认识。可以这样说：艺术品一定要"酷"，要有经典的形式、经典的态势、色彩和品质。

摩尔先生作品的展览获得极大成功，首次来华办展的主办方为中国观众对西方抽象雕塑作品所表现出的热情不甚理解，甚至认为不可思议。因为这样的展览既使是在抽象艺术、印象派绘画很流行的欧洲和美洲，也少有如此广泛人群的参与和表现出的如此热情。对这样热捧的艺术现象，中国绘画大师吴冠中先生撰文，一语中的地指出："中华民族是一个懂得欣赏太湖石美的民族。"指出：对于有这样审美能力的民族，所表现出的艺术现象很正常。这一精辟的见解，言简意赅地让人明了：面对西方极度抽象吸引国人眼球的"另类"雕塑艺术，其欣赏效果有如从不同角度、不同方向观看中国四大观赏石之一的太湖石一般，本是很自然的事。

太湖石呈复杂几何状，由无数长短不一的曲线、大小深浅不同内凹和外凸弧面局部连成一体的轮廓外型，不规则的形状、复杂的质地肌理、光影下色调明暗不同，绝无相同形态的石料。汉语的曲与直相对，如曲线与直线，另有局部的意思，如《礼记·中庸》中的"其次致曲……"。众多形状各异的曲线、曲面的局部共同聚集在一石，构成变幻无穷的完美整体。太湖石创造出千变万化的统一，给人带来独具美感的视觉享受与充斥内心的感动。

太湖石美的妙不可言，在于变幻中的恒定，差异中的统一，即从不同角度、不同方向观赏太湖石，将得到不同的画面。这个特征恰恰是其艺术魅力所在，它体现了人对万物求变、寻不同即"声一无听，物一无文"的哲理，古人讲的是：单调的一种声音不可能悦耳；孤立的一种物象也不可能构成绚丽多彩的景观；相同的东西加到一起不可能产生美，只有不同的东西综合在一起才能形成美。

国人自古对观赏石情有独钟，宋时诸多的士人文豪都有相关文字传世，如苏东坡的《咏怪石》、米芾拜石的传说等不胜枚举，构建了古今观赏石以"瘦、漏、皱、透"的审美标准。

将诸多艺术元素融为一体的形式，为中国传统哲学核心的"和"文化意识。中国古典园林以建筑物、山石、流水、植物等组合于一园，造园大师通过造景、借景的技艺，营造出"移步易景"的景观；中国绘画以画家饱览天下风光，描绘臆想大千世界，用墨的浓淡、明暗虚实气势的开合，将绘画、题诗词、篆刻、书法等艺术融入；中国书法以用笔墨的多少、字迹的虚实、点线的交错、笔锋的或扬或藏，书法家依心中生成的韵律感，挥毫宣纸为"舞"动的线条，且落款章于一纸。经典的"和合"美感，成为中国各传统文化艺术门类共同永恒美的追求，历朝历代共同的艺术特征，比如被誉为"燕京八绝"的清代皇宫造办处的工艺品，无一不是集各类珍贵材料于一体，融多种绝技于一身的大制作。用金银打造枝干、珍珠玉石制作花卉、果实，"植"在景泰蓝盆钵中的"象生盆景"，就是典型例子。

"和"文化传承，让人们将千万年沉于湖底"怪石"状的石灰岩石，置放在木质或石质几座上成为"石供"的艺术形式，矗立在庭园、几案上供人们展示欣赏。这样的艺术现象令人忆及同为盆中造型艺术的盆景，历经千余年的艺术传承，盆景完成了将诸

《祥龙石图》 宋徽宗绘

多艺术素材树桩、山石、苔藓、配件、盆钵、几架等和题名融合于一盆，众多艺术语言符号集于一体的艺术形式。有如形、势、态、色、质地、肌理具佳的奇石或称观赏石一般，构筑着盆中造型艺术的美与审美欣赏习惯。区别"发现的艺术"特征的"石供"，盆景为人的艺术制作，体现人意志和树木美的表现艺术。这样的艺术形式与文化内涵，满足了国人的价值与审美取向，成就了世代传承蕴含"树木清供"文化本质的艺术。

盆景的立意多采用文学性的语言，"立体、彩色"的语言，成为独具特质的艺术语言符号。借助这样的语言符号为盆景添加上飞翔的"翅膀"，将现实的物质"世界"提升为审美的精神"世界"。盆景艺术历经千余年的传承，借助深厚的民族文化背景和传统文化艺术理念，实践着将盆中之物的园艺活动升华为塑造形式美、自然美的艺术性特质。盆景独具的美与审美（制作与欣赏），构筑了盆景艺术形式。体现了"艺术性则是通过形象反映生活、反映思想情感所达到准确、鲜明、生动及形式结构、表现技巧的完美程度。"

盆景的艺术属性，在精神层面表现为视盆景为诗化的自然，即人与自然和谐关系的媒介，人通过盆中之物言情明志地展开"对话"。以视觉艺术画面美实现赏心悦目的功能，刺激感官地取悦人"心"；在物质层面表现为盆中之物（植物、山石等）则成为实现上述目的之载体，经制作者的创造性的结构成表达人心智的艺术形象，引发审美主客体之间的共鸣，以实现以盆中景表现自然美、艺术美、整体美、意境美的技艺。

　　盆景的艺术性特质与强调"整体美"的形式，极具自然势态的造型树桩，与景相匹配的盆钵、几架与点睛之笔的题名四位一体的融会贯通，体现了中国传统哲学的核心——"和"文化。创作者以盆中树桩的树干与树枝、树干与树根、树枝与树叶、树干与树冠、树桩与盆钵，这些盆景艺术元素之间的相互关联，融于一体地表达着明与暗、光与影、曲与直、疏与密相辅的"动态"艺术语言特征，有如太极图般地由不同曲线，自足成圆地开展盆中造景。"曲美""中和"审美情趣特征为盆景美学的核心，与传统文化艺术一脉相承。

松树盆景　郑永泰作

　　盆中造景承袭了中国传统哲学"和"文化的传统，即以树桩、山石、配件、苔藓等素材赋予人意志地组合于一盆钵中的造景呈自然之美；凸显造景的艺术性特质，内中蕴涵"雅趣"的意境之美；传递"树木清供"文化内涵，即渗透着人对树、对树林、对大自然的崇拜情结；把树桩的原生态美与巧工之美融于一盆钵，制作规整、技法纯熟，彰显"大度"的"一景、二盆、三托架、四题名"结构的整体美；营造"形、势、态"的制作，树桩的枝干呈现"曲"动态韵律的艺术美；突显"立体的画、无言的诗"的美，强调"宜静观，需孤赏"审美欣赏习惯。这就是富含中国文化元素的盆景。亦可称之"中国气派"的盆景。

　　讲清楚、说明白何为"中国气派"的盆景，我认为很重要。唯有如此，才能自信地向外传播原创性的中国盆景，传播中国盆景文化。

　　剖析中华民族对太湖石的挚爱情怀，对一种深埋湖底经水溶蚀的石灰岩，总结出"瘦、漏、皱、透"审美标准现象，不难悟出其中的民族情结。通体多孔穴、凹凸不平地由众多曲线、曲面局部构成的红色、黄色、灰白色的太湖石，以形态万变典型抽象艺术美的认知培养着国人的审美欣赏习惯。于是国人面对西方造型艺术大师摩尔的无规则造型艺术，有曾相识的印象，全无陌生感。出于对摩尔大师创作的偏爱与尊重，人们把出产于中国广西水域内一种形态无规律、由众多不同大小曲面结构、质地细腻光滑的观赏石，爱昵地称之为"摩尔石"，演义了摩尔大师造型意象，命名新石种的传说。

透过摩尔大师与摩尔石艺术现象，我在想中国盆景何以历经两千年的艺术传承至今仍然勃勃生机？这恰恰是盆景艺术依托传统文化的大国文化气象，以"重创健、讲大度、究天人、成化境"的哲学思想指导艺术发展的必然。盆景历经两千年的传承，使盆中植物栽培的园艺活动得以升华，其间一次次的"蜕变"，一回回的华丽"转身"，完成了由简单的园艺栽培，向表现人精神内涵的艺术制作的升华，构建了盆景宏大的艺术体系。全然得益于盆景秉承传统哲学"大国文化气象"，也就是以这样哲学指导艺术进步的传统。

世代盆景人秉承《周易》"天行健，君子以自强不息"及"其德刚健而文明"讲究原创性的艺术原则，讲究以"重创健"为纲的文化理念。善长通过重复不断的原创文明和艺术首创，完成了由"盆植"（盆中绿植）到"盆树"（盆中树木）到"盆栽"（经加工的盆中树桩）到"盆景"（盆中造景）的蜕变。盆景艺术的传承包括艺术创新精神的传承，是"重创健"哲学思想指导的结果，造就了该艺术后浪推前浪的历史现象。中国地域广阔，由于气候、物种和人文背景迥然不同，千余年间不间断的艺术首次创立，久而久之地形成各具千秋的制作技艺与独特的艺术"语言符号"，形成了盆景地方流派艺术风格，"重创健"的哲学理念最终成就了盆景的民族风格。

"大度"是指对物的选择和品鉴中不带世俗的偏见，"讲大度"的气魄与修养赋予盆景蕴蓄天地之大美的品质和高雅境界。面对传统艺术门类文化历史此起彼伏的境遇，盆景"独善其身"地以"和而不同"文化理念，包容性地追求"温柔敦厚，哀而不伤"的"中和"之美。构筑了体现多民族审美与价值取向的盆景艺术评价体系，追求制作技艺体现"师法自然"的自然美；讲究一景、二盆、三托架、四题名的整体美；实践所用材质、施技至极造型的艺术美；创建以正规、典范的"雅"文化为核心的审美理想，含蓄蕴藉"诗情画意"意境美的盆景美学。营造一个无世俗标准的艺术环境，为艺术活动提供广阔的自由空间，保障了艺术进步。"讲大度"的态度与审美标准，为盆景艺术的可持续发展创造了条件和可能性。

盆景"究天人"的艺术实践，"天"者指自然科学，"人"者指社会科学、艺术实践二者通而究之。追求二者最高境界，即对艺术境界的穷究求索。在不断地原创性艺术活动中汲取各文化艺术门类的"营养"来丰富自身，借鉴、融合诸多艺术门类如：中国绘画、古典园林、诗歌、雕塑、陶艺等文化元素，构建了盆景独特的内涵丰富的艺术语言。对于用以造景的容器盆钵，所用的材料由金属（非专用品）至陶至瓷至紫砂至陶釉和石料，盆面由素面至泥绘画至雕刻至彩绘饰釉装饰，盆造型由圆至椭圆至方至长方至高筒……所用的艺术元素也由树木、山石、苔藓、配件、托架……的沿革。盆景依托"究天人"的精神理念完成了艺术的品质由低向高、由浅至深的行进，终成就了被誉为"阳春白雪"的艺术。

盆景的博大精深源于"成化境"的哲学思想，即强调要继承所有文化艺术之优秀，"化"入自我过程中以博大胸怀去汲取、融合其他传统文化艺术元素，为我所用地追求艺术进步的精神。考究的题名作法则借鉴了古典园林、中国绘画的匾额、题款，文脉相承的传统技法。历朝历代的盆景人锐意进取，在不断追求艺术现代性的历程中完善了"美"的艺术。多年前，面对日本盆栽先进的制作技艺与盆栽文化理念，中国盆景人投以空前的热忱和谦虚的学习、借鉴，于是有了"文人树"盆景艺术形式，有了"舍利干"和"神枝"，且制作更多的"禅"意十足的盆景新品、新技艺、新风格。纵观盆景艺术文化的历史，实为一部不断汲取各传统艺术门类营养，不断学习各国优秀技艺，"成化境"地融入自我的历史。

我想以木山盆景恢复工作为例，试看"国学"对传统艺术传承与创新的指导。发掘、恢复历经宋、明、清朝代的木山盆景艺术形式与技艺，传承千余年的国粹艺术。读北宋时苏洵《木假山记》和《答二任》诗作，追溯至苏氏木假山为开先河之举，苏洵以文学家的素养和艺术家的观察力，慧眼识木地将漂泊于江流、沉没于泥沙之中的千年形如山峦楠木妙施技艺，制成"三峰鼎峙"木假山。假山自四川眉山县运至汴梁，在木山前筑池，制成有记载的原始木山山水盆景。

苏氏木假山具有很高的艺术价值，《木假山记》为我国较早枯木艺术理论；佳作为历代名人所敬仰，宋著名诗人梅尧臣、陆游均为木山赋诗；明洪武年，为纪念三苏父子，改苏宅为祠，建有"木假山堂"，后毁于战乱。清道光年间眉山人李梦莲重见"三峰宛具"之异木，重置于木假山堂，虽非原作苏氏遗风犹存。

收藏于北京故宫博物院的"嵌玉石仙人祝寿图盆景"属国宝级玉石盆景，为木山枯艺与美玉的结合。木山间用美玉制成的灵芝、

"嵌玉石仙人祝寿图盆景"木山盆景

仙桃、瑶草、石笋等，山腰置一座蓝顶圆亭，七位仙翁或立或相
伴行于山间、亭间。玉鹤飞悬山项，玉鹿伏卧山亭。寓意仙人祝
寿的景观，造型博大的木山玉石盆景盖世佳作。

　　苏氏千年木山清供遗失，成为历史的记载；故宫的藏品已是
传世绝品。拂去古籍的封尘，凝视清代木山玉石盆景作品照，心
中追寻着历史的辉煌，成为心中挥之不去的梦。读史让人心明眼亮，
我了解了木山盆景历史，也就购置了乌黑光亮"沟壑纵横、山峰
叠峦"形态的千年阴沉古木和尽显奇石"瘦、漏、透、皱"之美
的朽木。依心中的感动，脑中构建着木与石结合艺术的设想。想
法得到了诸多在京的工艺美术界艺术大师和美术师的青睐与合作，
他（她）们有中国工美行业艺术大师柏德元，北京工艺美术一级
大师、画家王喆希，北京工艺美术大师季玉河、李德仑，中国高

级工艺美术师孟凡婵，"非物质文化遗产代表性传人"柏群、民间艺术家闫春雨等友人，与诸位大师共事，合作创作出一批全新艺术作品，即将传统石雕技艺包括立雕、浮雕、镶嵌工艺等与根艺、枯木盆景艺术融于一体理念的实践。盆中枯木"山"、玉石雕楼宇、人物、动物、树木镶嵌其间，共植盆钵，赋予文学内容，使之有了更多的审美内涵。经盆景与工美界人士的合作，重现历史悠久的木山盆景。

恢复神奇之木与精美之石珠联璧合的艺术，发掘木山盆景与木石文化，追逐木与石的美。我乐此不疲，以为人生之乐事，所得、所乐全然为"究天人""成化境"哲学思想指导下的行为。作品成功地参加了北京文化创意博览会、艺博会等重要展会，这是我引以为豪的事，大有"十年磨一剑"的快感。

"听泉观瀑"阴沉木制木山盆景

盆景艺术历经世事荣衰和天灾战乱，薪火相传两千年。全然得以奉行"重创健、讲大度、究天人、成化境"哲理的大国文化气象，有如四支擎天柱般地支撑起盆景艺术殿堂。中国盆景"树木清供"的文化本质造就了：崇尚自然、奉行"天人合一"与"师法自然"的文化理念；包容汲取各艺术门类之精华，提升自身品质；追求"雅趣"的审美理想；曲美的制作技法；"四位一体"的外在形式；"静观孤赏"的欣赏习惯；这些筑成了盆景的"中国气派"。盆景文化依托"大国文化气象"，历经千年传承，得以生存、发展、提升、传播，成为国粹艺术，成为世界文化现象。

记得 2008 年北京奥运会召开前，北京盆景艺术研究会接受在奥运会部分场所摆设盆景的工作。于是精心挑选组织一批松柏类、观花类、观果类盆景精品，在奥运会的新闻发布厅、贵宾室、花卉配送中心等处布置。珍视、利用这样绝好机会，向世界各国与会宾朋展示中国盆景艺术，欣赏中国盆景之美，推介中国文化。考虑到室内长时间展示的环境，需要配备两套以上的盆景作品隔时轮换，以克服因室内缺少光照和通风差等因素对盆中树桩带来的不利影响，盆景艺术研究会的同仁们以高度的责任感和高超的技艺，克服重重困难确保了任务的圆满完成。

奥运会结束后，有关主管部门向北京盆景艺术研究会会颁布了红彤彤的奥运会场所布展证书和奥运颁奖花束作为表彰。这样的消息在研究会会刊《盆景艺术研究》上发表相关图文，题目是我拟定的：《盆景人的骄傲》。真的是从心底感觉自豪、骄傲，真正是做了件"讲大度""重健创"的事。

观看北京电视台《中国意象传承者》节目，无论是创意、选题、内容、还是展示形式都很出彩。多年来，人们淡忘了一些中国传统文化代表性语言，诸如："意象""悟""气韵""道"等名词，更不用讲文化内涵的传播。以"中国意象"的语境、唯美的舞台，观看各门类艺术传承人精美绝伦的表演，听评委们一语中的地述说，让我感悟多多。更多的是从中看到希望，无论是昆曲、民族舞剧、京剧等等，无一不在展示传统艺术的魅力和跃动的生命力，观众的表现和调查的数据统计得到一致的反馈：传统艺术越来越被接受、被喜欢。

震撼与感叹之余，我联想到国粹艺术盆景，今日中国盆景发展呈现出蓬勃的气象。盆景的从业、受众人数达到前所未有的规模，国际间的交往更频繁更深入，一派喜人景象。盆景与各传统艺术一脉相承地讲究"生意"的美，强调人意"悟"的艺术。区别表演艺术，盆景只是不登台而已。其实盆景的舞台更大，在盆景园、在展览会、在花卉市场、在居室庭园里。历史上中国盆景有多个地域流派，今日已渐式微。我也注意到盆景界的有识之士开始思考传统流派艺术的传承话题，并且为此在作尝试，毕竟老一辈盆景人还在，艺术的"根基"还在。

十年前，我曾以《中国盆景文化初探》为题撰文于《花木盆景》杂志，文稿被时任编辑的徐昺先生相中而进行刊登，因此有了释怀畅叙的机会，很感谢他。现在重提盆景的"中国气派"，是认为今日中国盆景面向世界范围传播过程中，其外化形象有所缺憾，难形成基本模式或因缺失固有艺术特征亮点而陷入对外流通、

崔梅盆景　杨杰斌作

交易的瓶颈。亦由此而展开的文化思考：以研讨、借鉴百年日本以基本三角形树型地栽树桩盆栽（流通型盆栽）对外传播的作法与成功经验；亦为与盆景同仁沟通交流盆景艺术背后的国学支撑的话题，共同寻求推动艺术创新的文化课题。

唯曲为美的盆景制作

　　国人形容美女喜欢用"柳叶眉""丹凤眼"之类词汇，柳叶是弯曲的，丹凤眼是弯曲的，那么"三角眼""扫帚眉"一定用在反派人物身上，三角形、扫帚全是直线，关于线性美最朴素的表达。曲与直表达着人情感的好与恶，传统艺术门类的审美标准多以"曲"为美，也是汉民族审美的偏爱，于是有了"庭园是'曲'出来的艺术"这一说法；树木盆景有了"以曲为美，直则无姿"之说，以悬根露爪、盘根错节为美的艺术风格追求。

　　国人的审美与西方民族崇尚的几何直线、规整图形大相径庭。欧洲园林景观秉承唯理美学。他们的园林、园艺创作，强调几何图形的应用，强调图式效果。如卢浮宫、凡尔赛宫等各大城堡前广场花园植物造型绿地，他们造园的作法往往是铲平山丘、砍伐树木，路修成直线、花木成排成行，修剪成各式图案。他们艺术创作是用点、线、面合成的几何状图形、图案的所谓绿色雕塑技法。

欧洲花园地毯纹饰般图形的草坪，树木造型整齐呈平面的或是立体的几何形状，水体常是对称形体的喷泉，追求数理的协调和几何比例，创造出秩序平衡的园林景观。

中国园林则强调利用各物质各文化元素间的相互关联，整合建筑物、山石、土丘、水面等各艺术元素，组合成景观的整体，不是简单划一地推倒重来的。这是遵循圣人老子"顺应自然"的哲学思想，形成中国园林艺术"师法自然"的文化理念，付之于造园技艺。观著名的苏州、扬州庭园会发现，园中景致是艺术地模仿自然景观，以小见大地将土丘构筑成地形、地貌模仿自然条件下纷繁的"山水"；低洼处掘土成自然状态的溪流、湖泊，景观为艺术象征的高度概括；植物更是乔灌草混杂的种植，仿照山野常见的花木争荣景象；在中国的园林景观中人在曲折的小径里面穿来穿去，通向桥梁，经过磴道，越往山巅；造园遇水围湖或水塘并在其中叠石成假山或矶石或筑岛，且建有亭台楼榭，各艺术元素相互呼应地成一整体。从中可以明了"曲"的造园技艺，中国园林的民族性特征。

盆景，为表达人内心世界与表现巧工之美的艺术。作者依心中对生活的感动，美感的勃兴，生成形神兼备的意象，巧施技艺地完成具有诗情画意情趣的盆中造景。盆景同属中国传统艺术体系，制作与欣赏同绘画、书法、古典园林一脉相承，讲韵律美、讲气韵生动，就是"节奏感"的生成与表现，体现在"曲"的审美。各类树种的盆中树桩千姿百态，均以根茎强劲、枝干飘逸、枝叶飞扬的势的造型，动态十足地呈现美的树相，形成的典型树桩造型。

善于造"形"与"势"与"态"的盆中树桩内中流淌音乐般的节奏感，盆景的韵律美。让人想象到自然界的气象万千，风卷云起；也联想到中国书法，舞动笔墨的艺术，以水墨的多少、字迹的虚实、笔锋的或扬或敛，依心中的韵律，笔下线条的行质、组合及运行方式，表现形态美的书写，挥洒着"舞"动的点、线于宣纸上；中国的京剧艺术无论是武生还是生、旦、丑角他（她）们的刀枪、水袖舞动起来，是无数曲线动作的飞扬，连续的扭摆翻滚动作呈现出飞舞的节奏；人类最宏大的艺术为建筑，中国古建筑物的楼台亭阁多是以曲线多变的陡峭飞檐，掩映建筑结构原本为方形或矩形或六角形等直线构筑的几何形状。如此的造型艺术，人远观古建筑是由众曲线构成的角、线、面，呈上下起伏状，左右顾盼地很有动态的韵律之美，也是中国艺术经典美感。同为时间与空间艺术的盆景，有着一脉相承的传统特征，同样地追求树桩有变化的节奏感，盆景的形与势与态营造出的韵律美。

大地树木枝桠的构成，就是连续多弯的直枝干，呈曲的形状。树木盆景制作技法秉承这样的自然规律，营造理想的自然美。制作盆景所用树桩来源有野外采掘树桩和繁殖育苗，后者利于保护植被建议采用。首先要了解树种的"性格"，以确立树相；要审视不同树材原生的姿态，因材施技地开掘树桩的特色，制成风格各异的盆景佳作。

盆中树桩为自然山野中可寻可见大树、古树的"树相"，自然界树的形、势、态、姿、色的影子。盆景作者依心中已生"树"的意象，怀着一颗尊重原生态树姿的虔诚心境，通过整理、蟠扎、修剪、雕刻等制作手段，扬长避短地施技，制作遂心意的树型。例如松柏类采用蟠扎为主；杂木类应以修剪为主，较少蟠扎。达到枝干呈"曲"的多姿多态，将众多"一寸三弯"或"丫"状或"鹿角状"的枝杈"和"合在一树入盆成景。

盆景技法包括制作与养护，盆景制作多采用修剪（包括疏剪、短剪、蓄枝截干等），剪去影响树形美的枝条；蟠扎一般是用铜或铝线蟠扎树的枝干开展艺术造型；牵引是采用丝绳以机械式（铰链）拉紧或是悬挂配重（石块等重物）或用定位盆器中的丝绳直拉枝条等）。枝形依树型不同风格的技艺处理基本有：

飘枝：枝的主脉平行稍向下飘斜；探枝：高枝点下的飘状，探向下方的枝干；拖枝：自上而下多曲线的呈余下走势的枝干，流畅轻柔状；平行枝：互相不交叉的多枝，形成层次分明的面；跌枝：高枝点处的下垂枝，突兀生动状等。

川派盆景传人有句经典话："无根如插木"，说的是盆栽树桩根的"价值"，裸露出的根部可以彰显树桩古朴苍劲之感，成熟度也是盆景品评标准，要重视树根的艺术处理，盘根错节的制作称"盘根"，以不断地提根即多次地除去表面土壤得以实现。树木盆景美学要求干、枝、根的和谐，浑然一体呈现大自然中的树相与树型，又要突显作者的个性风格。盆中树桩的生长，历经施技修整，不间断地修剪、摘芽、去枯枝等，让造景渐入佳境。基本的修剪技法：

剪枝：为树木盆景维护保持或改变树形的造景手段。修剪枝干因树种的不同各异，落叶类树桩一般在休眠期间强剪，剪除病枝、枯枝、徒长枝和细弱枝，可随时进行。

摘心：用手或剪刀直接对树木盆景主枝条、强枝条枝梢嫩头摘掉，以加快侧枝的生长。目的是控制枝条长度，缩短节距调整枝条，制作理想的树相。

摘芽：是对主干和主枝杈萌生出的不定芽、叠生枝芽的摘除，以防白白地消耗营养，也为树桩形态的塑造。

摘叶：观叶类树木盆景通过摘叶可以人工制造出多个树桩枝条吐出嫩叶的最佳观赏期间，叶片经屡次摘后也会变小些，提高欣赏效果，有推迟落叶的作用。

通过摘心、抹芽、摘叶、修剪枝条为维持原本树相或改变为更理想的树桩造景，是盆景养护的一项经常性呵护生命的工作。一件成熟的盆景作品要经人十年甚至几十年的养护和大自然风霜雨雪的"雕塑"，才可渐入佳境。

上述种种技法，全为营造盆中树桩的生动气韵。盆中不断生长的树桩是动态，在相对瞬间又是静止状态，对静与动的认知系盆中造景技艺之基本之理。静的物呈动态，依托"意"的生成，即有意则生动。观盆钵中或斜倾或弯曲地呈多角度多样式的树桩，通过其根、干、枝、叶之间在曲与直、主与次、大与小、露与藏、明与暗、疏与密、聚与散、高与低、正与斜、起与伏、开与合、动与静、刚与柔、平与奇、阴与阳的势与姿相互关联与对比的艺术处理，制成错落有致、风格迥然的经典树桩造型，核心就是节奏感的形成。静观盆中树的根、干、枝、叶连续的起伏、开合，会发现其间"动"的韵律，"舞"动的"意"由然而生，虽静犹动。盆景生意的景致让人想起书画的挥毫泼墨，中国古建筑物的错落

飞檐、五线谱上下的音符……

经典的例子：著名波兰籍作曲家潘德列斯基一位酷爱植物的艺术家，在住地用了35年时间一点一点地规划，像是作曲般地种植了一块块不同树种、不同容积、不同姿态、色彩树木组成的植物园。他时常前去植物园中创作音乐，在植有各种树木的林间里，感受眼前尽是绿色，呼吸着草木发出清香味道，沉醉在林海，感受其跃动的节奏韵律，任凭音乐的旋律在脑海里激荡飞扬，优美的旋律产生。作曲家很喜欢北京的天坛公园，会抚摸着天坛千年古柏，切肤地感受着人与树之间的情感交流，从中寻找音乐创作的灵感，静静地畅抒于参天古树间，渗透出震撼的诗意与历史的音符……令人为之倾倒的意境，寻觅古树枝杈间传递出让他随之心动的音符。盆景美的寻觅，同样因人予自然的感动，美即自然，自然即真，真出心意。

中国对艺术欣赏评价有句通俗话：内行看门道，外行看热闹。说的是行家里手要看其形式与内涵的全部，包括技法与功力（特别是画外功）。而一般非业内人士则可随性情地浏览，看外在的表现。讲究盆景的观赏要"远观势，近看姿"，近看的是技法，树桩枝杈外在的一招一式，也就是蟠扎水平与修剪功力，以评价一件作品技术含量的高低，功力与功夫；远观主要是看整体的"形"、"势"、"态"，也就是通过看作品的形与势与态，以整体构成的"气势"来判断作品所表现意象的优劣。这犹如从远处走过来的行人，从他相貌气质、身体的节奏、平衡能力、装束的品位就大致可判断他的"精气神"，也就是精神状态，相对于盆景就叫神韵，不同于观人，盆景静止的，于是人要动态地前（近）后（远）、左、右地观赏方可领略内中的"艺"与"意"。

评价树木盆景典型的风貌通常这样形容："密处不透风，疏处可跑马"，造型树桩树冠如此强烈夸张的对比，为的是以"块、面"的大小比例和疏密程度，营造"势"的轻重、舒缓节奏感，实现盆景树桩多姿多态的韵律美。讲的是如同中国画作品的"留白"处理，以色块的大小、浓淡对比强调画的构图，目的是消除因均衡少变化带来的平淡无味。完美的树桩"构图"应留有了"无作为"空间，且以景中有"无为"空间，衬托"有为"的制作，构筑"有为"与"无为"空间。树桩跌宕迥转、起伏的"构图"，共同营造着树

三角梅盆景 郑永泰作

85

桩"势"的存在，"势"让盆中树桩在人心里舞动，气韵油然而生。

这样的艺术处理方式属移情中国画"留白"艺术手法于盆景，看似"无为"的局部，是留给人们发挥想象力的"有为"空间，也是中国画绘画注重整体构图，不光要看主体还要注意其背后和周围，通过画面各景物的关联组成综合的、多方面的构图。盆景借用中国书画的构图技法，造型树桩各元素强烈夸张的对比，表现树桩多姿多态，营造虚、实的空间感，造"势"也。

盆中树桩枝干、枝杈、枝条连续不断的弯曲，众多的"曲"造型的组合、叠加，枝桠的伸延、连贯，树桩根与干、枝与叶的开合启承、起伏与旋转，呈舒缓或停顿的变幻姿态，形态美感的形成，于是有了盆中树桩的形体美，有了千姿百态的树"形"。观盆中树桩充满动"势"的枝干，有如书法创作于纸上的墨迹，抑扬顿挫的墨迹间的虚、实空间感，呈现出"流动"的线条，连续的"动"势呈现书法"舞"的形态，犹如人舞蹈时动作的或激烈、或舒缓、或停顿的动作变换、伸延、连贯，蕴涵"舞"动着的韵律美感，完美的舞姿。

树桩的根、茎、干、枝、叶等素材在体积、色调、明暗、曲直、动静、疏密、虚实的对比、夸张艺术语言的运用实现独具的"态"。力度强与弱的不同是韵律，"速度"快与慢变化是节奏，力度与速度共同营造盆景树桩形态改变的速度或力度为"势"。态与势共同生成树桩"动"的意象，盆景的活力所在。

一株上乘的树桩，要有形有势有态才能夺人眼球。盆中树桩以曲直分明、高低明显、色块强烈、长短悬殊十足的"势"，营造着"动"的意象；劲根与曲干、飘枝与柔叶，构成作品"曲线"或"曲面"美的"形态"；于是树桩间有了开合启承、起伏与旋转，音乐般的节奏韵律，形成人心目中"动"的形象。"势"为盆景气韵的表象，"气"是汉民族宇宙观的核心，生命力的体现。在一件树干迥转起伏、枝叶勃然、充满生机气势的作品面前，人会被其中传递出"气势"所折服、感动。俗话说：气势夺人，说的是内中传道出"意"，"意"指的是盆景树桩形与势与态的综合印象，艺术美的具体表达。"形能生态、势能生辉"讲的是"态"与"形"与"势"的辩证关系。盆中拙干、劲枝、根深、叶茂，形、势、态俱佳的树桩一定令人赏心悦目，有技艺、有气势、有韵味才是好盆景。

这些辩证的"车轱辘话"听起来有点像是在讲哲学，其实就是艺术的哲理，艺术美学原本是传统哲学进步的产物，盆景美学更如是。这样的话题一旦讲明白，听懂了，手中刀锯、剪子就会麻利许多。我们讲：盆景形的不够，有素材先天的不足，有选材的欠妥；树桩"势"或"态"欠佳，则为制作的失败，更多的原因是作者的功力还不够"火候"。也可以讲："势"与"态"的成功与否多是在检验作者"画外功"的功力，盆景作者的文化功底包括绘画、雕塑、诗文、园艺等知识的了解掌握，更重要的是反映其悟性的高低，这都与艺术修养有关。

广东实力派画家曾宪烨先生是未曾谋面的盆景同仁，曾共事会刊《盆景艺术研究报》，同为编辑。他中国画功很精道，对中国画的构图技艺有深刻的理解和把握。他送我的盆景水墨画大作曾在会刊登出，真的气势大在。先生著作颇丰，出版有《盆景造型技艺图解》《树木盆景造型技术详解》等书。他在广东举办的盆景个人展，很成功，我认为是功力所在，特别是把绘画融入立体盆景的艺术实践。我从他的画作中及盆景作品中已领略到他的实力，应了那句老话："功到自然成"。

　　盆景崇尚"以曲为美，直则无姿"的艺术风格，对曲美艺术特征的极致追求，树桩的制作得到充分的表现。经过对素材的斧砍、刀锯、缚扎、修剪、修整成型至意象中呈多曲线组合的"大树""古树"形象。树桩常将主干、侧枝弯曲成连续不断的弯与折，修剪成"鸡爪枝""鹿草枝""一寸三弯""飘枝""拐枝""跌枝""平行枝"等造型，盆面树桩悬根露爪、盘根错节，很有古树的雍容奇雅相貌。看过会让人忆及我国明代著名山水画名家马远、刘松年等所绘山水画中的古

《飞龙挂壁》曾宪烨画作

《梅花盆景》王图炳画作

树，昂扬横斜的树干、劲节突兀的悬根露爪尽显古代士人傲然挺立风范笔意。

汉语的"曲"与"直"相对，"曲"与"直"表达出完全不同的图像与意境。曲代表自然的、随性的制作；直则代表人工的、秩序的理性制作。中国绘画、古典园林文化对盆景有明显的影响，中国历代造园家每每在强调造园林景观是"曲"的艺术，更直白的语言：园林是被"曲"出来的，旨在表明"曲"美的价值与审美。中国古典园林以"移步易景"为审美标准，自然是曲线的轨迹，因为直线景观则一览无余，唯有"曲"的线、面才能生成。也因此美景佳境往往被冠以"曲径通幽"的美。

中国画家笔下的古树横斜多弯曲、枝蔓弯曲延伸，山峰上下起伏多变化，水岸石矶高低错落有致。以"曲"为美，中国艺术

的美学。这样的美与审美在盆景技艺得到发扬，制作上刻意追求尽显曲美的巧工，巧工为掩蔽树桩"曲"美制作的人工痕迹。

"一阴一阳"谓之道，是中国哲学的本原。盆中树桩多曲线起伏变幻呈"阴阳"比照的形式变化，呈现气韵生动美感。由众多的曲美贯通于一体、同一时空，就是"舞"动的韵律美。一件盆景佳作，由众多形状各异的曲线、弧面，众多的局部以主次分明、虚实相间、疏密得当、粗细有别、刚柔互济、顾盼呼应、轻重有衡、平奇互补地聚集在一树桩一盆钵，其间形与势与态相互间转化的艺术语言，传递着音乐旋律般的节奏感，构成变幻无穷的完美整体，不失为时间艺术的盆景的传承之道。

盆景制作依"腹稿"施技，首先要了解不同树种的"性格"之美，如：松柏的苍劲、柳树的婀娜、榕树的飘逸等。制作者要尊重不同物种的生长习性，尊重原生态状已形成的树相，通过修整手段，扬长避短有针对性地巧施技法。追求盆中树桩"唯'曲'为美"美学特征的技法，可谓盆景制作的"秘技"。

例如近年流行的风动式树木盆景很受人们青睐，只见风动式树木盆景大枝干疏散有致，相互独立不交搭，小枝干密聚，树桩枝干偏向一侧的弯曲，很有大风下瞬间枝叶摇动的动姿，给人以"舞"动的美感。创造出静中有动、无声胜有声的意境。盆面散落的几片干叶，刻意营造作品凋零冷落的景色，蕴意"飘落"的意境，动感营造独具匠心。独领风骚的树桩造型，有如风从一侧吹来，很有气势。就像诗中所说："吹定青山不放松，立根原在破岩中；千磨万击还坚劲，任尔东南西北风"，是别有情趣的风动式树桩盆景，"动"势的存在，写意性艺术语言，成为经典。借用园林美学巨擘陈从周先生语："静之物，动亦存焉。坐对石峰，透漏俱备，皴法之明快，线条之飞俊，虽静犹动。"又："静之物若无生意，则无动态。"讲的同样适用盆中造景。

盆景制作奉行"虽由人作，宛自天开"的理念，施技法于树桩，不留人工痕迹地表现"自然"本色的盆景制作原则。盆中树桩的不断地生长，反复施技地造景，有同音乐一样被誉为"时间艺术"。要强调的是盆景"时间艺术"的特点，既指漫长的养护过程不间断地修剪造型，也就是艺术的不断地再创作；更指入盆的树桩是要长时间放在户外，久历风霜雪雨的"加工"，使之凸显树的自然本色，才可算是完成的作品。

山水盆景指把自然界的山水胜景，经艺术构思的再现，主要以山石为素材置于盆盎之中的艺术。可以是崇山峻岭、湖光山色的山野风光，也可以是"小桥流水人家"的景观，犹如"立体画"一般，山水盆景借以传统中国画、古典园林理论而立意、取景，同样地强调唯曲为美。

水旱盆景指树木盆景和山水盆景的有机结合，有树桩有山石营造的"水面""原野"等，作品突出造型树桩，辅以山石、配件，赋予表现自然与人文景致的盆中造景。水旱、山水盆景因制作不拘一格，突显图式效果地极富装饰性特征。

山水和水旱盆景，借鉴中国绘画散点透视原理，传统的视觉效果，获得极丰富的视觉空间，有高远式、深远式、平远式多种盆中山石造景手法，依人与作品欲表现观景的心理"视角"所致。

了解、掌握中国画理论与技法对山水、水旱盆景的制作大有益处，会更得心应手。水旱盆景的造景以树桩为主辅以山石，故选择造型树桩多要思量树桩的大小，放置的位置举足轻重，可视为"主角"地配置山石。山水盆景是仿照自然景观，峰峦叠嶂、有水畔岛屿、有江湖溪涧，将多景组合的盆景。

山水盆景可以直接借用古画意、诗中景。在构图与造景方面多有古典园林"曲"的艺术风格追求。在盆中高低错落曲折地设小桥流水、山石空亭，营造柳丝拂面、虚实开合的多变，尽显曲幽的美景，也是山水盆景受人们青睐的原因所在。

当下许多盆景人不太重视的盆面处理，盆景树桩栽培成活，特别是将欲展示的作品应进行盆面处理，即在盆景盆面栽种苔藓

"淦河春晓" 冯连生作

也称"苔封"，用苔藓盖住盆土，植下绿意。苔痕封面是在封存人的美好时光、曾经的印象；绿茵般的苔藓成为一种语言符号，代表着青山绿水、代表着禾田草地、代表逝去的日子，写意性的技艺。盆中布苔有如绘画布或纸上的底色、背景，弥漫着静穆、清新的空气，表达出特定时空的绿色印痕。苔封完善了造景，营造出意境，于盆景应该是不可或缺的基本构成元素。盆面相对于"舞"动的树桩，就像是平静的舞台，以平和宁静的场面烘托着景动感的韵律之美，表达着作品的时空感，盆景制作不容忽视的内容。

盆景中石材的应用，是国人对山石的偏爱。树木盆景配石应依"意"来造景，选择硬质还是软质要看"石感"，雕凿石的形与势要看"构图"，布置石头位置要依"景色"，如此这般或突出山石或衬托树桩的盆景更加耐琢磨有看头。山水盆景、水旱盆景离

"古木清池" 赵庆泉作

不开石料，树木盆景也时有用石点缀，一片绿意盎然布满苔藓的盆面，错落有致地点缀几块大小不一、形态各异的石块，有如音乐线谱上灵魂跳跃的音符，有无声胜有声的韵味。附石树木盆景定是要有石了，硬质的石与柔性的木相映成趣。可以讲，巧用石头造景，是盆景的艺术语言符号。

盆景审美标准为审美与价值取向的量化、审美理想判断的尺度、审美情趣的概括。盆景美的尺子存在每个人心里，藏在民族的文化基因里。盆中树桩枝干曲的"形"、"动"的"势"、雅的"态"，以这样的制作，力求枝杈间呈"舞动"的韵律美。将韵味十足的树桩与姿态万千的山石、平和无华的苔藓、配件虚实相间地置于一盆钵中，共同营造盆景气韵生动的节奏感和空间感，才是美的。

第七讲

盆景的"神游"

盆景，是将自然界山水、林木景观置于咫尺盆钵间的艺术，源于"以小见大"的认知观念。这里的"以小见大"不是微缩的写实，不是微缩景观，而是微观见世界的抽象思维，为外部世界在人"心"中印象的提取、提升，经剪裁、取舍、渲染的艺术加工。以"应物象形"精湛技艺，高度概括地表现人心中的大地山水、林木之大美，这全然靠国人独有的宇宙观所决定。

汉民族的宇宙观是"无、空、虚、和"天地气场地感受世界、体验生命的认知。"一盆树木清供，取来一片山林气象"的生命体验，盆景不是自然界山林的断面，而是活跃在人心中的一幅画、一首诗。于是有了视宇宙为第一自然，园林为第二自然，盆景为第三自然的独特认知。盆景的作者依心中对自然美的感动，"悟"出人与自然"天人合一"的感知，视盆景为人心灵的栖息地，一种"诗化的自然"境界，即心中的自然。盆中之景带给人以更多的想象与联想，是外部世界意象在人心目中的"艺术再现"，全然人精神的产物。

中国美学是以直觉为特征的审美认识活动，最高层次的"悟"，即以生命体验、智慧观照为内核的认知方式。"悟"，是一种与人有关、与"我"有关的审美活动。汉民族的"悟觉思维"，系直觉的思维，为实践中渐悟本质的思维方式，一种以"象"（心象与物象）为基础、情为中介、理解为归宿的诗样思维方式。传统的中国艺术创作讲究"形神兼备"，为完美的境界，"形"是审美主体运用认知感官可以直接体悟到的客体特征，"神"为"神韵"，是主体凭借生命体验的"悟"，把握客体内在本质。

中国艺术美学主张：主体对客体"以神遇而不以目视"的认知方式，是直觉性、模糊性、整体性。审美主体运用视觉、听觉、触觉感官进行感性体验，然后运用直觉思维进行"体悟"，即把自己的情感、观念投射到客体上，自己的心灵与客体内在本质相交融。于是有了观画作之景的山水，感受了真山水的意境美，因为眼里有"山水"，心中一定有山水。

于是盆中之景可以是曾经游历过的实景或是见过的图景照片，甚至是臆想的景致，彰显人精神与自然合和同一的"逸趣"，抵达盆景审美的理想境界"天人合一"的意境。盆景与人生命体验关系维系着的，独特的关联性思维方式，中国传统艺术的思维。于是盆景的制作不仅要看景的表面，还要注意其背后及周围的视觉思维，即盆中各元素之间的关联，并组合成综合多面的构图，直抵全方位的创作状态。这样的制作涉及树桩、山石、配件等的有机组合，于是产生树桩与盆钵、树桩与配件与题名……的想象与联想，调动所有的艺术元素去实现"心中的世界"。

《蕉林酌酒图》 陈洪绶画作

如今盆景展览在逐渐重视展示环境，往往调动了建筑、装饰、配件、声音、书法绘画等文化艺术元素，创造出盆景作品在协调的背景与匹配的文化内涵融会贯通地展示。经过装修的独立空间内，墙上挂有字画，展台上摆有红木矮桌、精美的紫砂茶具，在一隅摆上作品。展示环境创造出唯美的氛围，文化情调令观者很是"入景""入戏"地感受更多信息。景物与声色相互顾盼的艺术氛围，让所有步入园内人心境一下有定力的沉静。营造如此美妙的艺术氛围，使观赏者对作品有了更多的感悟，原因是营造艺术氛围展示环境的功效，美的环境提升了盆景的艺术品位，也提高了观者的欣赏品位。

"唯美"的展示方式得益于中国艺术美学的认知。审美主体对客体的感官为眼、耳、鼻、舌、声、意，所谓的"意"，超越了"画"与"诗"的境界。诗中有画、画中有诗，情景交融的艺术追求，为表象的审美描述，其间人深层意识追求的是"物我合一"的境界，人"心源"和"造化"碰撞的顿悟与震撼，人唯有了"入景""入境"，才可直抵意境。意境为中国艺术独特的审美，指"境生象外"超越具象的情，意境也就是情景交融的境界了，艺术氛围浓郁的展示环境，是调动人感官的捷径。

盆景创作强调表现自然美、艺术美、整体美和意境美的审美标准。盆景的最高境界"意境美"，是人"意念"在作用，生命体验"悟"的结果。中国美学"悟"与"境"联系在一起，审美的"悟"伴着境界的产生。盆中造景的形与势与态，凭借情与理辩证相生的认知，调动了人的联想与想象力；眼前实境与意念中虚境的交融，派生出超越感性进入物我贯通、广阔无垠的艺术化境。"外师造化，中得心源"的理念，为盆景"意境"实现的基本条件，"心悟"是盆景审美的本源。盆景艺术强调"万物之生意最可观"的哲理，以流露出"诗画"品位为贵，"悟"为超越诗与画境界的"意"的审美。生"意"与否，成为盆景评价"雅"与"俗"的标准，唯有人"意"的生命体验，才有"意境美"，亦为盆景的最高境界。"意境由心而生"让盆景制作与欣赏者得到"赏心悦目"的审美享受，这是每个盆景追梦人的体验。

国人以"意"为生命体验的最高境界，非人体感官的心灵体验，"悟"的结果。"听之以心""听之以气""以神遇而不以目视"这样的认识方式，是直觉性、模糊性、整体性的"意"。审美主体运用外在感官包括视觉、听觉、触觉进行感性体验，以直觉思维即意念进行"体悟"，把自己的情感、观念投射到客体上，激活其原本的审美属性，使主体的心灵与客体内在的本质相交融，直抵意境的审美活动，即"悟"的过程。盆景艺术与人的沟通可以体悟树的劲干、柔枝、嫩叶、颜色、湿度、呼吸。人于盆景"意"的感动，为生命体验的认知，就像人在仰望高矗入云的大树时，内心充满了"敬畏"，为"悟"的结果，阐述着盆景为人精神的产物。

盆景不是自然界的一断面、一隅，是依人对自然美感动而为的产物，心中印象自由自主的表达。"一盆景一世界"的哲理，是指人与物的精神交合，让自己生命意识流入审美对象而抵达"我物合一"的境界。构成一个自在圆足的"世界"，汉民族的宇宙观，亦为中国盆景美学思想基础。

我们讲盆景中树桩的制作技艺是写实的又是写意的，貌似矛盾却又不矛盾之处，在于盆中树桩的形与势与态是仿照自然界中树、树林的形象，为刻意地"仿制"，同时也是"活"在作者心中的大自然千万棵树木的缩影，一种凝练后的树之大美，以这样的"意象"开展艺术制作，经过人赋予盆中树桩心智的制作，具有了"表现艺术"的特征。人在盆景的创作与再创作（包括欣赏过程）中实践着各自的精神追求，试图在盆景中寻找宏观的自然和微观的"自我"。顿悟物与我、我与物的双向交流，既可以化物为我，也可化我为物地感悟着彼此。

传统中国画中所表现出的荣衰或冷暖画意，皆作者主观情感的表达，画面往往依作者的情感构成。如山水画中经常出现枯树、茅屋、蓑衣渔翁、读书人等景观，是以景与情映衬"主题"的艺术表现手法，往往是创作者的"心"的"身"，即个人意志在画中的体现，以隐匿的画意影响着观画人感同身受的神往。中国画的欣赏佳境讲究观者出神入化的"卧游"，即讲人神情要有"入"画

境的精神畅想，感受画中的境界。在山水画中设置空空的亭子，则为画中的山水注入灵气与"生命"的象征，传统绘画语言的运用。亦为国人特有的审美欣赏习惯，他们习惯散点透视的创作技法，习惯写意性的艺术表现形式，习惯人于画作境界的参与或是艺术的再创作。

盆景中的茅屋、凉亭、渔翁、对弈者配件的设置，与中国绘画有异曲同工的艺术表现手法，人观盆景不仅视觉感观，更多心理角度的视野，引领观者的"神思"至"神游"，因此创造了盆景艺术语言无比的微妙与丰富的内涵。同属于写意体系的盆景艺术，国人欣赏起来会很容易因意象生成"共鸣"，从多元艺术中某个"元素"的妙处，得到审美的满足。

《水竹居图》 倪瓒画作

配件在盆景的作用，与树桩、山石、苔藓等素材同为艺术语言符号。盆景借助配件营造出特定的艺术氛围，人或物造型的配件，在作者心目中实为自然界的天、地、人间、"我"或"他"的化身。作品彩亭、茅屋、人物配件，往往为作者的"化身"，寄情配件传递个人心智、心境的表达，也可称之"言情明志"，自我意识彰显的艺术手法。自我意识融入

"画境"的作法，可从配件的选择、摆设的位置、功能、态势、色彩、与作品主景的比例等，掂量出作者对配件依赖程度，窥视创作者的审美取向。

配件与盆中景的位置与比例也为空间感和意境的营造，例如：树桩的"大树相"创意尽可借助树下习武者配件尺寸比例，更明确精准地表现出树的"大"和动静相生的美感，也是中国传统艺术关联性思维方式与技艺的表达，为盆景传统的文化理念与制作技艺。

借鉴中国画传统技法"留白"的艺术处理，为盆景艺术特征之一。在盆中立体造景留有"空白"或"无为"的空间，是国人独有的盆景欣赏习惯，并由此派生出特定理论、特定的形式与特定的韵律。盆中造景的"留白"，包括树桩造型的疏处，构筑作品疏密、虚实、明暗的对比，有如音乐不断变幻的节奏，留给欣赏者极大的想象与联想空间，成为供人进入盆中景"神游"的"穿越通道"。"穿越通道"实现了人对盆景的创作与再创作的精神关联，于是盆景与人之间形成互动，引发审美主客体间的共鸣，尽享艺术之美。

有如人观绘画大作时出神入画的"卧游"，盆景审美的最终极目标同样是实现"神游"，以心灵在盆中景放飞为最佳状态。盆景中酷似自然界古树、大树的树桩，山石水岸的山野造景以及建筑物或人或动物配件的设置，表述着人与景的关联，人文精神的隐喻，成了引领人"进入"盆中景里"神游"的媒介。无一不在寓意盆景里"有人""有我"的意识，即作者"身心"的表现，属一种欲念。内中传递人的意识，其思想基础为盆景深邃的文化内涵、精湛的技艺、表意的题名、考究的装饰和相适应的展示方式，共同营造盆景予人赏心悦目的境界。

"赏心悦目"一词含两个方面，赏心指内容有所悟，悦目则指形式有所得，二者兼备才可抵达艺术的彼岸。盆景的审美不同于山野、园林的身游，它为人精神的放飞，自由自在地"游"于盆之景中，"神游"系观者的心与目共同入景而成为独具的审美，这也是盆景的艺术魅力所在。盆中景的"神游"，为人亲近自然的情愫与盆中景物的精神"交合"，实现艺术表象向审美意象过渡的过程，即人予盆景的"悟"。

"一盆清供，取来一片山林气象，招来几缕天地清芬。"盆中的景与人天趣怡然相融合，意境之美在人心目中油然而生。"神游"创造着一个与自我生命相关的"世界"，成为人寄情自然山水、林木，藉以升华人心灵的媒介，盆景"诗化的自然"即"心中的自然"的意识。源于传统的"天人合一"宇宙观作用下崇尚融入自然的情怀，寻觅宇宙与人之间千丝万缕关联的内心感动。

传统的"士人文化"审美习惯，欲以植物的形象或习性喻人的性格、品质之美，为"比德思想"的思维。将盆中梅、兰、竹、菊喻为"四君子"；昵称松、竹、梅为"岁寒三友"。表现的是人生哲理及情感的寄托，人们喜欢置盆景于庭院、书案上供人们品味、把玩，感悟内中传递的诗情画意与志趣。盆钵中有山水，人心中一定有山水，营造出一个充满情感与哲理的艺术境界，诞生一个最自由、最充沛的自我，一个"自在自我"的世界，盆景成为人精神的栖息地。

"一阴一阳之谓道"，这是国人的宇宙观。"道"的本质是修心，心灵修养是"悟道"的前提，清净心方使人彻悟。悟意味着解放，开悟的过程，由有意识过渡到"无我"境界，直抵"物我合一"境界的心路历程，人内心对景物所言、所思、所想的过程。盆中之景凭借着虚实、明暗的动态节奏，立体艺术的空间感，构筑出气韵生动的艺术语言。人心目的"视野"，由盆中之景拓展到外部大千世界的自然风貌，再至人内心世界"物与我"的观照，移情于造型的树桩、可心的山石、遂意的配件、匹配的盆钵与几架以及贴切的题名，赋予人的意志。人予盆景的"神游"中"彻悟"宏观的自然和微观的"我"，情与景交融的意境，体悟物我的双向交流，即可以化物为我，也可化我为物；感悟彼此、人与自然合和同一的"雅趣"，抵达盆景审美的理想境界"天人合一"的意境。

凝神盆景前，人眼观实境（盆中造景）的审美勃兴，引发内心与物的感受彼与此；由"心"动而充满想象与联想地进入"景""虚"境（调动了存储脑中的真实自然印象，包括或游或览过的众景色和图文）；其间，人与物的移情，情景交融于实境（盆中景）中，由此及彼地从"目"前的一片绿意，感悟宏观的自然与微观的自我，包括文化本质的顿悟，于是诗画的意境美油然而生。人与景移情、神交的全过程，即"人"的"悟道"。实现了人由盆中景色"实"境过渡至"虚"拟的时空境遇；又由臆造的"虚"境情景交融地"游离"至物与我合一的"实"境；悦目且赏心地完成了虚境与实景的思维转换，"虚"与"实"境遇的"入"与"出"，成为实际意义上的时空"穿越"，即人予盆景"神游"的全过程。"神游"是每个制作或欣赏盆景人的"心路"历程，且依个人学养的厚薄不同、悟道多寡不等，美的享受程度不尽一致。人予盆景虚与实境遇的转换，人亲近自然的情愫与盆中之景的"精神"交合，盆景成为人放置心灵之处；由目至心至意不断的"悟"，直抵人生命节奏的核心，生命意识与景色融为一体地进入"物我合一"境界："诗化的自然"的境界；以生命体验盆中之景的思维方式，中国人盆景审美欣赏的心理路径。

传统艺术"神游"或"卧游"的审美欣赏习惯，培养着国人在画中、盆中"游"的意识，盆景的审美过程中人"心目"随景而动地感悟着景物与人，人与景物的双向交流。盆中树桩形神兼备的树相，化物为我，化我为物地移情，感悟着"诗化的自然"（人心中的自然）的意境，理想美的境遇。景借以人的感动，其实质是作者"心目"中有山水，盆景即天下之山水，全然中国传统艺术"以神遇而不以目视"的认知方式，表现艺术的特征。

真柏盆景　孙龙海作

蔡元培先生有句名言："艺术是唯一的世界性语言。"典型的例子："枯山水"景观，是日本经典的庭园造景艺术。在本无山无水的小院子中，为营造静谧深邃的意境，造园人刻意地用细细的白砂石耙过铺地，在砂石上错落有致地叠放几块山石，在院的一隅植几株修剪精巧至极的造型景观树，放入石灯，缀些许苔藓。于是白砂象征流水，石块象征瀑布，修剪的树与苔藓象征山林，一派山水庭园意趣。这一简朴至极的景色，以隐喻的象征艺术语言，让人顿"悟"置身山水间。"枯山水"与茶庭思想兴起有关，也就是受中国南宋"禅"宗文化的影响。禅为悟的修行，崇尚"物我合一"宇宙观的结果。

禅意十足的枯山水庭园造景，中国人特别是中国盆景人并不感到陌生，这是盆景审美欣赏习惯的必然结果，强调人予景的"悟"，以为具有生命意义的传达最重要。盆景的世界里一定要有"人"，有"我"的存在意识，唯有依人心灵的悟，方能相互交融地抵达艺术欣赏的佳境、艺术的彼岸。当人们从盆中树桩触景生情地产生出对自然界树木、山林的意象……凭借心中已有的物象与心象，"刻画"盆景树桩的美。在盆景的创作与再创作中实践着各自的精神追求，试图从中寻找心中的自然，理想中的"山水""树木"。于是对物种的选择与造型、盆与托架选择、题名的用语与配件的选择，皆化作作者的"心与目"的美，置于盆景中，盆景制作是以这样方式表达个人心智、心境的技艺。

盆景讲究"宜静观，须孤赏"的审美欣赏习惯，为的是创造出一个最佳的环境、最佳的状态。此刻一个古琴者的形象跃然：

"清溪松影"　孟广陵作

有位古琴川派传人，抚琴前定要更衣、沐浴、熏香，每每点一炉香后，才坐定抚琴吟唱于氤氲之气中。古琴是古人修身养性的器具，心气浮躁的人无法领悟其妙理。抚琴人是在借琴诉心，以心抚琴，让心灵化作琴声飘荡虚空之中，体悟一种人融于自然的意境。同为国粹艺术的立体的、绿色的盆景艺术，创造出多维的空间艺术特征，有如园林观赏的"移步易景"、雕塑的"换位观景"的欣赏方式。一个人静静独自悠然地在盆景园或庭院、几案观赏盆景，轻轻缓缓地移动着脚步，不断地变换着视觉角度，或前或后或平仰或俯探地远观近看，静观默想地细细把玩、品味其中的艺术元素、组合结构、意象与寓意等等丰富的内涵，沉浸于想象与联想中，故"宜静观"。欣赏盆景不宜多人同处，全因为欣赏大众艺术的习惯有碍营造高雅的小众艺术氛围，静谧有助欣赏者"入"盆景"神游"状态，让思想放飞是盆景欣赏的最佳状态，故多"须孤赏"。

　　静观孤赏有助于人"神游"，即以"画中人"情愫与盆景的"精神"交合，生命意识与景色融为一体地以生命体验进入盆中之景，传统艺术的审美方式。历代备受世人崇尚的"竹林七贤"，崇尚投身自然怀抱之风气，是国人心目中人与自然完美融合典范。"物我合一"境界的追求，千百年来成为国人宇宙观的精神领引。追求"天趣""野趣"已成中国诸多传统文化艺术门类的共识，以"师法自然"为制作原则，追求摹拟自然为本的盆景，当属应运而生的艺术。

中国历史上不少的名人诗书画佳作完成于山林、园林间和盆钵中。借山野风光言情明志，寄情花木盆景，士人的作为。借明代文人"借闲老人"语："尺幅千里，此画家之玄机，今拳石寸树，有别一洞天之致，千丘万壑之形，不知对此能令人置身物外否？"诗文道出盆中拳石寸树的景，人寄情予景，投身拳石寸树的"神思"，予人以拥抱山野的气魄与情趣。古人对盆中景的褒扬，亦为艺术的魅力所在。盆景崇尚文人的审美品位，也就是尚古的情趣，盆钵中诗意的构景，宁静清幽的境界，共同烘托着表达自然之大美的情调。情调有如色调包容色相一般，构成盆景富含人文内涵的"情调"，如此深邃的"情调"自然魅力无穷。

盆景有"凝固的音乐"的美誉，全因盆中植株不断地生长变化为时间艺术。生命力强矣的盆景留给人更多的自由的审美时空，永无"休止符"的制作与再制作，带给人们不断变化的动态的美。人与盆景零距离的接触，望着苍劲的枝干历经风霜雪雨留下岁月久远的点点痕迹，看着经修剪带给人惊喜与叹为观止的树姿，盆面绿茵茵的苔藓与点缀的山石，会让人联想到绿水青山、联想到家园的"大树""古树"和曾经的树木记忆，会被盆中渗透出自然的大美所感动；盆中树桩一枝跌枝、一片飘枝带给人或有人拂袖而去，或是宛若人招手迎宾形象的联想与感动；尽露"白骨"般树内木质的"舍利干"和"神枝"，更是令人有观古物凭吊历史沧桑的震撼；观者眼中的拙干、劲枝、柔叶，有如观赏古迹古物一般地让人心静如水，引发思古幽情，与百、十年前的作者对话；手抚摸盆钵的观赏，让人心灵得到慰藉，精神得到寄托，这也是庭园、几案放置盆景的原因所在。

山水盆景，包括水旱盆景和山石盆景，更多受古典园林、中国画理论的影响。承袭了古典园林"缩地术"的理念，创作着盆中树桩与山石立体造景艺术形式。山水盆景更多像中国山水画的创作模式，传统典型的写意性语言；山水盆景写意性语言成分更多，更像自然或人文景观的"浓缩"或提炼，好的山水盆景会更诱导人于盆字的"神游"。

山水盆景直接借鉴中国绘画散点透视原理，为山水盆景营造丰富的视觉空间，于是有了高远式、深远式、平远式的盆中山石造景，是人与作品观景的心理"视角"所致。作者将依据心中欲表现的意象，在盆中运用树桩、山石等素材的组合创作盆中之景。我们先"解读"一下山水盆景的创作过程：首先要靠作者日积月累长期对大自然山水的采风（信息收集）；经对记忆中美景的整理、筛选，遂生审美勃兴，在心目中显现"意象"（信息加工）；依据意象拟"腹稿"创造出表现情景交融的艺术形象（信息输出）。这样一个信息收集—加工—输出的过程，基本勾勒出山水盆景写意性创作特征。了解中国山水画的技法和透视原理，会有助山水盆景的审美，包括制作与欣赏。

有种说法："距离产生美"，我一直搞不懂。我予盆景的欣赏，以为近距离地亲近树桩才最动情，不是眼力不济，是"心理距离"的原因。为了拉近"心理距离"，园林景观设计都在刻意地创造"野趣"的大雅，盆景唯有加个"更"字才好。

盆景欣赏讲究用眼观、用心品、用意悟，凭借对自然美的审美勃兴，引发作者或观赏者予以盆中造景"生意"的悟，依据盆中之景"诗情画意"美的悟，至超越视觉感官直抵"意境美"的悟。由眼观至心动至意"悟"，直抵人生命内核的撼动，盆景审美的心理路径。所谓用眼观，即观赏盆景的形象美，观赏作品属性与类型，区分树种等；观赏树桩根、茎、叶、花、果的形态与色彩；观看作品的创意、选材、长势和制作技术含量；综合起来讲，盆景佳作远观要有夺人眼球的势，具备线条默契，结构协调、有韵律感的整体美。细观有意料之外的巧工之美，创意的绝妙与技法的非凡，悦目的审美。所谓用心品是指品赏人依个人的生活经历、文化素养、思想情感，调动和运用联想、想象的心理活动，体验作品的艺术品位、作者的文化品位。在理解创意的基础上主动地扩充、丰富作品的内涵，利用个人再创作的审美，达到主客间的"共鸣"，赏心的审美。所谓用意悟，汉语词汇"悟"即"觉"，为"觉悟"的情感体验，瞬间直觉的把握。通过盆景的艺术形象与营造的氛围，作品题名等信息传递，带给人的情感的体验。"悟"盆景的"意境"，即人与物（盆中景）的精神交合，感悟"意"，即人生、历史、宇宙，富有哲理的"神思"。盆景"神游"的审美欣赏习惯，同人在

"有容乃大" 曾宪烨作

画中"卧游"的意识，心随景动地畅游，尽享心目中的"自然美"，感悟人与景的双向交流。

　　"树相"是指树桩形象状态予人的印象，为树意象美特征，较抽象的美学概念，一种混沌美印象。"树相"关系到盆景的"立意"，产生于制作前的腹稿。当盆中树桩的"相"已"活"在你心中时，"神游"离你不远了。以"细雨润无声"形容艺术予人的感染力最为恰当，庭园内置上形、色、质、纹尚佳的奇石、摆上韵味十足的盆景佳作，往往让人留连忘返，这是心仪之物与人"神交"的原故。盆景的"诗化的自然"品质，人与景融会贯通"神游"地实践着精神诉求，于是盆中之景是游历美景或览过图文或臆想佳境的"神遇"，人与"心中自然"合和同一的"逸趣"萌生，直抵人生命最深的感动。

　　读书入境、赏画入景、游园入梦，盆景"神游"的感知、感想、感悟，是你曾有过的。

话说庭园与盆景

兼答日本同仁须藤雨伯先生的问题

汉书《神仙传》有这样的记载："房有神术，能缩地脉，千里存在目前，宛然安之，复舒如旧矣。"（释注：房为房长费，熟练掌握缩地术者。）有了"缩地术"，观察世界视角、视野的变化，带给人们丰富的想象与联想力，古人依心中的"仙境"，挖池筑山建宫苑，栽种仙花神木造园圃。

中国古典园林的造园理念开阔了先人的"视野"，可以随心欲地俯视万物，并以这样的认知造景、观景。农耕的汉民族强烈的自然崇拜，有着强烈对树木、植物崇拜情结。先人的树木情结助推了盆栽的一次次蜕变，成就了今天的盆景。

在这里要强调，盆景与所谓的"缩地术"无关，讹传曾致使盆景有落入微缩景观的谬误，自以为是自然或园林景观的微缩。如此认知忽视了先民画有植物的岩画、远古绘饰树形图画的陶器、唐代墓穴侍女手捧盆栽植物壁画……所有历史沿革内在的必然的关联。长时期人们不再去做其背后文化与理论的探索，其结果使盆景失去原本与中国书画的"近亲"关系，缺失了像对绘画一般的更多更普遍的关注。盆景较中国书法、绘画艺术，在文化理论方面凸现"苍白"，虽有两千年传承历史，仍未获得与书画等高的仰视，始终徘徊在中华艺术殿堂前。

园林讲究诗情画境，盆景则追求诗情画意，一字之差，讲的是造园更多写实性与盆景更多写意性的不同艺术风格特征，实质为文化理念与技艺的异同。盆景艺术家庄文其先生曾这样写道："盆景习惯地被当作园林的一种。总觉得在环境艺术中，园林如同小说，盆景就像诗，二者有亲密的关系，但又互相独立于对方，创作上小说可以用诗的语言，诗则无法用小说的语言。园林与盆景也一样。"诗歌是内心情感的流露，情深意切且或奔腾或舒缓才好；小说就要有铺垫、有情节地讲故事，要娓娓道来。相比园林，盆景更强调人精神产物的特质，盆中树桩一定为人心目中理想的树相，人欲从树桩营造的形象，表达着想要告诉人们的美和美背后的情。

全因为盆中之景流畅着人的思想、人的情感，"一盆一世界"的理念，它诞生于一个最自我最充沛的内心。盆中造型树桩的一种势态、景中的一件配件、一个题名，无一不在彰显"人"、彰显"自我"意识，作者对自然景观的提炼升华，纯粹属于人精神依附的艺术。

盆景为表现艺术范畴，如此文化基因令盆景制作的"视野"向宏观延伸，向自我"显微"。中国画散点透视方法在盆景的运用，使之获得极大自由空间和更丰富的制作手段，于是树与石与配件与苔藓等的比例已不在于尺子，而是在人的心中。山水盆景更是占尽先机地利用树桩、山石、配件等素材，依人心目的多视角，遂心"生意"地制作，调动了立体艺术的技艺，创建最佳的心理视觉效果。这样的特质，是盆景区别于庭园，更倾向情景交融的审美，不同技艺、不同文化理念的造景与欣赏。

中国人视宇宙为第一自然，园林为第二自然，盆景为第三自然，也是人心中的自然，诗化的自然。园林与盆景全然遵循"师法自然"文化理念指导下的艺术行为，"法"具法度、规则的意思，"师"为效法，效法师从自然法度为园林与盆景制作的原则。古典园林艺术组合了建筑、山石、植物、水域，以形态气势的掩映开合营造出"曲径通幽"经典的美，错落有致的节奏感产生于"曲"的韵律，中国园林的魂。盆景以同样含蓄的艺术语言，寄以锯凿、

中国园林景观设计鸟瞰图

缚扎、修剪、养护表现出技法细腻，技艺极致的盆中造景。树桩起伏错落、跌宕有致的枝干呈现出动势的韵律，曲的线、弧的面、圆的体，共铸其雅趣、内敛的艺术品质。

中国传统艺术独特的思维方式和文化理念，培育、陶冶了中华民族独特的审美情趣和欣赏习惯。盆景制作者依据心中对自然美的感动而生意地勾勒"腹稿"，运用艺术的载体树桩与盆钵、树桩与山石、树干与枝条、枝权与叶、树冠与根以及配件、题名、托架等盆景艺术元素有机地组合，塑造着"立体的画、无声的诗"的形象。盆景讲究"形神兼备"，为完美的境界，"形"是审美主体运用认知感官直接体悟到的客体形式特征，"神"为"神韵"，是主体凭借生命体验的"悟"把握客体内在本质。

树木盆景在于表现天地之美、树木之大美，以盆中树桩意象为依托，即人心与树的融合、"天人合一"文化理念的体现。盆景给人更多精神寄托，将盆中植物赋予人的品性的作法，"把自然景物人格化或人的自然崇拜情结，以人的伦理规范和审美情趣为标准，以主体意向统摄客体"，"以道德判断作为价值判断，寓事实判断于价值判断中"等的审美理念，构筑了中国盆景的民族性特征，也是世界盆栽界关注的艺术现象与研究的课题。自古以来国人习惯以景观或植物的形象与习性比喻为人的性格、品质之美，将盆中梅、兰、竹、菊树桩喻为"四君子"；昵称：盆中松、竹、梅为"岁寒三友"，喻西湖为妙女西子、誉泰山石为"石敢当"等等，实为表现人生哲理及情感的寄托。这样的盆景美学源于中国传统哲学观念的"比德思想"，人从盆景的审美得到精神的洗礼，文化启迪，拓展思想境界，汉民族的思维。

山水盆景同样不是"微缩"的艺术，不是山水景观的一隅，它是经人脑加工的"美景"，是创作者凭借艺术的阅历、学养，对自然美对生活美的感动，"外师造化，中得心源"地反映出其心目中的"美景"，业已生成"意象"的艺术再现。

盆景制作依传统艺术理论，多采用散点透视原理，写意性艺术语言。盆景作品的制（创）作往往依作者在游历众多自然景观和观摹绘画后，以娴熟诗词文学、园林、雕塑等文化知识的基础上，依据创造性思维产生的灵感和印象，经过表现出自然景观共性与个性审美的思维，实施着体现作者心声的艺术形象。

国人视盆景为诗化的"自然"，也就是心中的"自然"，盆景

"听涛" 赵庆泉作

艺术讲究"形神兼备",为完美的境界,"形"是审美主体运用认知感官可以直接体悟到的客体形式特征,"神"为"神韵",是主体凭借生命体验的"悟"把握客体内在本质。

通过盆景各艺术元素间的相互关联、相互照应创造,和谐的技艺体现着中国传统哲学的核心——"和"哲学;在外在形式有表达"动"势的技法,传递生命情调;以诗情画意的美,影响人的心境而不仅仅是感官,也就是"赏心悦目"。因此,传统中国盆景排斥张扬虚妄,主张内敛地尽显平和。

较造园,盆景的制作要求有创意和极致的技艺,精品佳作远观要有夺人眼球般的势;近看耐端详,有极致的技法,作品表现出不凡的"形""势"与"态"是所有盆景艺术家的永恒艺术追求。这样的艺术特征,要求作者具备深厚"画外功"功底,也就是盆景人要对盆景相关知识如古典园林、绘画、雕塑、园艺、诗歌等方面有一定的修养,技艺方面有功力,有"看点"的佳作才可能产生。

日本著名盆景大家、景道家元二世、竹枫园园主须藤雨伯先生在 2013 "唐苑的世界盆景对话"国际年度论坛期间,曾向与会的中国盆景人提出一些关于中国盆景文化的问题,其中提到"庭园理念与盆景理念的关系?"这样的问题。这确是一个涉及中国盆景文化理念不同于日本盆栽也不同欧美地区盆栽的问题,并且涉及中国庭园文化。

不妨作这样的推测,赏石艺术形成的历史沿革,多是由造园的叠石筑山分离出来,一块形、色、质地俱佳堪比庭园供石,仅体量不大，置于石盆中，成了"石供"，供石成为登堂入室、摆放几案上的艺术品。树桩盆景，有着相类同的"经历"，庭园园圃中栽培的仙花、神木中以形、势、态俱佳者，脱颖而出地植入盆钵中，成了"树供清供"般的树木盆景，亦登堂入室成了艺术品。这样的推断让同从"第二自然"的庭园"分离"而出，形式与内涵独立的"石供"与"树供"，成了供石与盆景，且分别赋予"瘦、漏、皱、透"和"自然美、艺术美、整体美、意境美"的审美标准。二者没有同称"供"字，我想：一是石为山的意象，山为大地的脊梁，树为衣食住行的提供，体量较山为轻；另有不同盆景的形式不同固化的山石，盆景的形式与文化内涵处于不断变化中，认知在变，称谓也只能随之变，处于寻觅更贴切叫法的进程；同从古代庭园艺术演化、分离出，庭园文化派生出的盆景艺术形式，可谓是盆景的来世今生。

这样的文化命题"猜想"，让我忆起一段在清华大学李树华教授的共处时光，那天赴约李教授安排的盆景座谈。到校即随他驾车前去他设计的清华大学校园内两处景观。一处景观在工字楼前主路一侧的休憩地，在蜿蜒起伏的瓷砖铺就曲径与清新别致的清流岸旁，沿行云流水般的狭长曲岸植有多株呈斜干、卧干，枝叶多飘枝、跌枝的松树嵌入其间，这些姿态各异的松树是他走遍北京周边林场、苗圃一棵一棵地寻得。以现代设计理念将现代建筑材料与颇具盆景树桩不同树相树木的有机结合，景观突显现代意象与传统古拙意象的完美融和。景观明显有别于周边多直线的、平面的街景，形成一道别致靓丽的风景线，为庄重规整的清华园主楼区域平添了几分浪漫与恬静。在这里，教授三十余年的盆景与盆栽（曾赴日研学）制作的功底得以表现，技艺得以施展。

观看的另一处景观为清华大学百年校庆的"百年树人"纪念园地，其中植有全国各高校赠送的大树，共百棵成林。园地留有休憩地和甬路，李教授兴致勃勃地向我介绍景观"百年树人"的设计思想和追寻历史的理念，我饶有兴致地听他的释说，依他讲述四下观赏着地面饰树横断面，尽显树年轮雕饰的创意；李教授俯身手指着脚下甬路看似无规则的青石板，详尽介绍着园林铺路的几横几竖拼装原则与作法，望着他深深低下腰身，手指石板一字一句地讲述的神态，想到曾见园林的水泥、瓷砖轻率铺路，感动其治学的严谨。我俩穿行高矗挺立林木的甬道，看到有许多白发学者气质的老人悠悠徜徉在树林间，有更多朝气蓬勃的清华学子从中匆匆穿行。我侧目看到李教授脸上流露着自豪的微笑，看得出"百年树人"的寓意已经化作眼前的景与情，看得出盆景讲究景与情交融的理念，在这个有重大命题的景观设计中得到运用并成功了。

李树华教授三十年研修盆景的经历与他在园艺景观授业与科研方面取得骄人的学术成就，其间有着千丝万缕的联系。在与他的研究生们座谈中，他让我多讲些喜欢盆景的原因，他是想通过我的亲历告诉学生更多盆景予人予景观学科的关系……关于园林与盆景的话题他在书中写道：将自然空间大小的景观经过概括、提炼、缩小后，营造在一块地上就是园林；园林景观经过进一步的缩小后放置于盆钵中就是盆景。他指出：盆景所包含的哲学思想和精神性要比园林更深透，文化内涵更抽象……

在这里，我不妨大声说一句：予景观（包括庭园）的设计制作，扎实的盆景功夫一定可以大大助力。

造园是营造美的场景，客观的实用性和受自然环境的制约，更多了人身临其境地强调视觉感官的美，以"因地制宜"为原则地挖湖、筑山、叠石、建厅堂、植花木于一园，追求"园以景胜"。盆中造景则主观地表现人心目中的美，以"因材施技"为本，依树桩原生状态运用技法造型，融山石、配件以及题名、几架为一盆，强调"盆景生意"，这是盆景的艺术属性。

区别于庭园艺术，盆景将自然界山水、林木景观置于咫尺盆钵间的艺术，源于"以小见大"的认知，是微观见世界的抽象思维，为人对外部世界印象的提取、提升，经剪裁、取舍、渲染的艺术加工。

博兰盆景　彭盛才作

以"应物象形"精湛技艺，高度概括地表现人心目中的大地山水、林木之大美，国人宇宙观所决定。盆景流畅着人的思想、人的情感，盆中树桩的形、势、态的制作、配件的设置、扣题的题名，无一不在彰显人的"意"。有了盆景强调"生意"的认知，再通晓造园技艺，我想庭园会做得更精、更巧、更雅。中国明代造园大师计成关于造园的名句："虽由人作，宛自天开。"与同样秉承"师法自然"制作原则的盆景一脉相承，具有相同的文化理念。

在这里引用一句有针对性的说法，兼作对须藤雨伯先生所提问题的回答。那就是"做得好盆景的人可以做出好的庭园，做得好庭园的人不一定做得好盆景"这是可谓中国盆景人的由衷感慨。这句话的潜台词是：盆景区别于园林，更讲人的学养，要有更深更厚的文化底蕴，更精湛技艺的支撑。

自汉唐时代"文人画"的勃兴，确立了文人、包括帝王本身和御用画家的画派成为主流地位。其"非高人逸才不能辨"的品质追求，极大地影响着人们的审美标准和欣赏习惯，讲"气韵"，讲"生意"即强调个人对自然的生命体悟，强调制作者或欣赏人全面文化修养的艺术倾向。以中国画论、古典造园思想为理论基础的盆景艺术，这样的文化背景影响着盆景追求雅趣，讲究"生意"的审美。

中国传统美学强调艺术创作力求体现"气韵生动"的审美，超凡脱俗的气韵为"神"。作品要以"神"为主，"形"为辅，"神"是不能用人的感官直接把握，"形"是认知感官可直接观察到的外在形式特征。不妨以大师徐悲鸿先生的水墨奔马绘画为例，所绘的马仅勾勒出马形体的线条轮廓和施墨的浓淡，共同表现马的外在形态与内在神韵。马的细部如皮毛则依观赏者去想象、联想马的全部体貌。绘画巨匠齐白石言："画要在似与不似之间，不似欺世，太似媚俗。"大师一语道出"神"韵的所在。"神似"与"形似"的审美取向，同样地适用盆景的制作。盆景秉承"虽由人作，宛自天成"的古典造园文化理念，即人予树桩施以巧工是为了"没工"，没有人工痕迹地呈自然之原生态"神韵"。

这样的美学特征与独特的技艺，盆景千余年来一直得以传承和沿用。盆钵中的树桩经过艺人施技，成为典型再现人心目中自然树之印象美，制作成模仿自然界中"大树""古树"的形与神，"形"与"神"为写实与写意性不同艺术语言的共存，才得以制成

微型组合盆景　王元康作

形神兼备的佳作。

树木盆景则是写实与写意性语言共存的艺术形式，其中"仿"的成分较大。盆中的树桩摹写自然界已有的树姿、树相、树的神韵。人依据内心对树的感受，融入树以"气""神"，才有了形神兼备的树相，才会产生意境美。盆中树桩受自然界树木习性、生长规律及原有生态的制约，制作技艺基本是写实的，仿照真树形与势态，制作出树的经典形象与风貌，树木盆景用"制作"一词，写实性的语言，显得更贴切。以风动式盆景为例，在台风后的海边可见树木呈现出这样的形态：迎风面的枝叶纷纷折断仅剩下稀疏的较干，枝干短且稀的树貌。树顺风面留有较多的枝干、桠杈，树冠朝内岸面原本葱郁的枝干、顺风向长势；如此的树桩制作是对自然景观的真实"描绘"，写实性语言成分更多些。风动式盆中树桩的造型创意是捕捉树木在风吹动瞬间顺风飘扬的形态；还是临摹海岸防风林因台风摧残形成枝干向一侧倾斜的残缺树型；两种借鉴方式都有可能，一个是暂短的变化瞬间；一个是长时间的相对恒定；重要的是"动"势的存在，为写意性艺术语言。

"神似"与"形似"成分融会贯通地体现在盆景中，不同的只是其中成分的多与少、强与弱。即"仿"与"似"成分可以相互转换、转化，全依心中对景物的审美勃兴，可以制作成以树木为主的山水盆景，也可以创作出树木为辅的山石盆景，盆景情景辩证的艺术理念与此起彼伏的技艺交替，全然"树"在人心中的位置与"分量"。

山水盆景，包括水旱盆景和山石盆景，可谓名符其实的盆中

（创）造景。山水盆景更多受古典园林、中国画理论的影响。更多地承袭了古典园林"缩地术"的理念，同时受中国画论的影响，写意性艺术语言运用的盆中立体造景艺术形式。就艺术理论而言，"神似"大自然景观的山水盆景，写意性艺术语言居多，则以创作的技艺为主要特征。山水盆景直接借鉴中国绘画透视原理，散点透视的视觉效果，为山水盆景获得极丰富空间，于是有了高远式、深远式、平远式多种的盆中山石造景，是人与作品观景的心理"视角"所致。

盆中景刻意地留出一定"无为"的空间，移情中国画"留白"的艺术处理，这样的技艺建造庭园也有，而且发挥至"借景"的空间处理。在盆或园内营造虚实相融、"有无"相生的表现手法，激发人的想象与联想。诱导欣赏者通过实境去把握心中"虚境"地开展"再创作"，貌似"无作为"的空白画面，可以是天空、是大海，任由人们依对画意的理解去作各种各样的想象。这样艺术理论与审美欣赏习惯常见于中国画，水墨画的鱼在水中漫游，鸟在天空遨翔于一张留有大块空白的画面，水或云的意象全是凭借着鱼、鸟的动态姿势与生动的气韵营造出，中国画独到的表现手法。借助盆中树桩"留白"的空间，调动人想象与联想，以形与势的营造生"意"，中国盆景独有的审美，千余年来培养着中国人的欣赏习惯。

例如悬崖式树桩盆景，高几架的盆中向下探出凌斜的劲枝，长斜枝垂端部向上折回，如同瀑布般的飘枝造型被称为"临水"。凌空的云、浩淼的水的意象，全靠作者依照对自然界悬崖峭壁处、

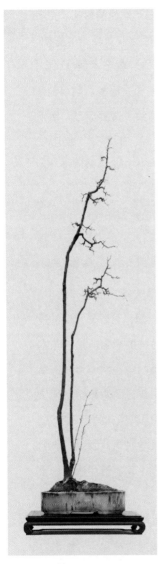

山橘盆景　韩学年作

水岸旁树木的印象，盆中树桩仿制出树桩的动势，悬空的形神，用以调动人的想象和感悟，留给人想象出树下"水"或"云"的意象。这样的意象是人经过构思，对自然界树的艺术加工，依树在其心中美的印象，制作体现自然树本真风貌，彰显作者审美取向的作品。

树木盆景有单株、双株和丛林式样的树桩类型，有直干式、斜干式、曲干式、悬崖式、附石式及风动式等多种形式。制作的原型为自然山野中可寻可见的大树、古树，盆中树桩中可以寻思其形、势、态、姿、色的影子。

盆景艺术的美在于富含人的意志，实现着物与人的"对话"。它是一种象征，树木的象征，依个人的生活经历对盆中的树桩有了更多的联想与想象，它可能是曾经见过的，从图画或文字中感悟的甚至臆想出的树木或森林。在他们心目中，盆中的树桩象征着树木，也就象征着自然，一种被诗化了抽象的自然；一种可以触摸到劲枝与柔叶、可以亲近的真实自然；一种经过有章法技艺的修剪，体现人的心智，成为人们心目中清供着的"树"，人意识中有如自然"图腾"般的树木清供。

因此，盆景的审美讲内功、讲品位、讲气韵、讲经典，即作品要有精湛的技艺，形、势、姿态均要精准；要有耐看经得起端详的内涵，充分反映作者的心智；要有气势与韵味生动之美；有经典的技艺、独到的造型、个性的技法、典型的展示形式；只要达到以上要点，便可成为高品位的佳作。

在多年的盆景社团组织工作中，我与中国盆景艺术家协会会长苏放先生有过不少交往。苏先生性情中人，有着音乐人的激情和诗人的敏慧才智，内心仿佛涌动着澎湃起伏的旋律，甚至有那么一些"狂野"豪情，他可以口无遮拦地笑骂时弊，也会因讲述伤感事而令人动容。近年来他在社团工作中创意不断，国内外的艺术交流蓬蓬勃勃，在组织发展、盆景展示、会刊创办方面都有诸多的开先河之举，是个令我钦佩不已的领军人。他对北京的盆景活动很支持也很关注，北京盆景艺术研究在筹办"第二届盆景文化论坛"时，曾邀请苏会长与会，他欣然答应，百忙之中如约到会；在"北京盆景艺术研究会成立二十周庆典"之际，他为我会会刊写贺词，委派协会办公室主任与会庆典现场，以示祝贺。

对于盆景的未来，他有着自己独特且热切的理解和期盼。一次我们两人私下聊天，他很认真也很动情地讲：很希望能在中国美术馆举办一次盆景展览。望着他一时间陷入遐想的神情，我很是为之感动，中国美术馆为美术界最高的艺术殿堂，国内外艺术交流的最佳场所。我明白，他是想借此形式与名望为盆景正身，还盆景原本的艺术性质。这样的愿望对于他由来已久，他是在为弘扬盆景艺术寻求突破点，想让与书画、雕塑、古典园林等传统艺术形式同为国粹艺术性质的盆景，能步入高雅艺术殿堂还其原本"身世"憧憬。我知道，如果能如他意，盆景定会有不同于现在的更高境遇与发展前景。我只有同情地用他察觉不出地默默摇头，我明白现实很无奈，历史上行政的划分、组织的归口等等，让人理不出头绪来，唉。

时过境迁，前不久应邀参加北京东方文创学院召开的教案研讨让我有"受宠若惊"的感动，原因是在那里我见到在众多中国文化艺术课程教案包括书画、古琴、古典文学、京剧、文玩等诸多课程中有盆景的课程设置，全部为国学内容的教学大纲。与会的有北京大学、国家博物馆、国务院参事室中国国学中心、北京师范大学等单位的专家学者，研讨过程中我注意到多有谈及盆景的话题且有建议。我想我一定要将这个消息当面告诉苏放会长，今天盆景已经进入面向社会包括公务员、大专学生、外籍人士等成人教育讲授国学内容的文创学院，与各中国传统文化艺术一视为国粹地开课教授。我想他，还有全国众盆景人一定会倍感欣慰、欣喜。

盆景何以称之"艺术"？这个貌似清楚又因习惯思维而不再作深入了解的命题，被许多的人忽略了。看现行所有关于盆景的书刊无不称之"盆景艺术"，社团组织名称也冠有"艺术"二字，但在行政管理还是展览性质、相关人员职称评定等皆与艺术两字，渐行渐远。

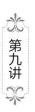

第九讲

盆景与盆栽的文化比较

　　五年前笔者拙作《树供：盆景的世界》一书出版发行时，曾送书予《花木盆景》杂志的刘少红编辑，随即他在刊物和互联网上以"盆景的文学印象"为标题，向公众介绍该书。以这样的题目发文，说明该书是第一部以文学写作方式叙述盆景知识和与盆景相关故事的书。该书的写作初始还有个前赘，我结识著名电影人刘沙先生，在交往中几经其启发引导就写了个影文学剧本，题目忘了，但剧情就是讲盆景与盆景人的故事。剧本搁浅了，我不心甘地转而扩写成小说。文学的写作完全颠覆了剧本的内容与述说方式，我知道，电影是在讲故事给人看，写小说该告诉人们需要的东西，那怕是一点点也才有写的必要，一点见解或一件生活片断、一段史实，才是文学类书的价值。

　　受过二十余年盆景艺术活动的耳濡目染，有了盆景"点、线、面"诸方面的了解，意识到盆景立意采用文学性语言的特点，盆景的文学语言是诗、是歌、是画、是景色,盆景"立体彩色"的语言是一种艺术符号,能带给人更多的想象与联想"空间",有众多的已知和未知待诠释、待述说。将人物与盆景交流的情节,以娓娓道来的方式在其间"卷裹"着盆景百科知识融入故事中,与读者分享自己对盆景与盆景文化本质的研讨与感悟到的诸多结果。以文学性语言写盆景历史、写盆景文化、写盆景制作、写盆景欣赏,写盆景带给人们的喜怒哀乐。我认为文学可以为盆景艺术平添飞翔的"翅膀",更全面更广泛地展现其深藏不露的"容颜",让人从直观盆景提升至对体现"美与自由"的艺术的享受,于是开始了"爬格子",终成书稿。

书前后断续写了近三年,终落户中国林业出版社,于2011年1月面世,看到装帧精美的书既兴奋又惶恐。记得在书稿即将付印的前两天,责任编辑何增明先生电话告我:用最简明的文字写下书的主旨,用在书扉页上。关键的时刻、关键的通知,让我彻夜地思索、推敲,终于在天亮前写下:

"盆栽"是人眼睛里再现的艺术。

"盆景"是人心目中艺术的再现。

"树供"则是人意识的一种情结,对树、对树林、对大自然的崇拜。也是"盆景"与"盆栽"的文化交合、趋于一统的名词,即"树木清供"的艺术形式与文化内涵。

我以尽量少的文字概括地描述从盆植造型树木,到盆中树桩造景,再到盆中"树木清供"的"生命"演变,写了人予盆景文化本质认知的思想意识流,盆景艺术予人的文学印象。

刺葱盆景　苏义吉作

在这里试作解说，面对当今世界各地域盆中造景艺术的纷说，我认为，盆栽（指欧美地域视同"盆景"的盆中造型树桩艺术）是人依照眼睛所看见自然界树木美的感动，以直观的视角依所见到美的形象制作的艺术品，为再现艺术形式；盆景则是人依心目感受到的自然美景，经过了大脑的加工，赋予人心目中的"树桩意象"，即融入作者思想情感，以艺术语言的表达，为艺术的再现，即表现艺术。

"树供"是人意识中，对树、对树林、对自然的崇拜情结的物化，即"树木清供"的文化内涵与艺术形式，为树木盆景的文化本质，讲的是人与自然与树木的"生命体验"。"树供"的内涵完全承袭了这样的认知与艺术语言，全然不是哲学思想的刻意追求，而是人对树、对盆中造型树桩审美与价值取向的结果。

盆景与盆栽艺术，一个是心目中的东西，一个是眼睛里的东

西。汉语语汇的"心"字，习惯指思想的器官和思想情感等，"心目"系指思想情感与视觉感官。"树木清供"涵盖了"盆景"与"盆栽"的全部内涵，即二者的文化交合。关于盆景与盆栽的文化交合，书中我用这样的比喻："欧美国家象征和平、友爱的小天使，一个惹人喜爱的赤身小男孩，背上插上两支飞禽的洁白翅膀，任其翱翔，为人类传达爱与美的信息。长有飞翅的男童小天使，欧美地域人们具有何等浪漫的想象力呀；可当你看到中国敦煌石窟内壁画上婀娜飞舞的美女：飞天，她们不凭借任何体外条件地在空中自由自在飞舞时，你一定惊叹中国人、中国先人们的无尚智慧，会由衷地倍感骄傲与自豪，这是何等绝妙的创意与审美……

同为吉祥的象征，以中国的"飞天"与欧美的"小天使"比喻盆景与盆栽文化，或不十分靠谱。说来惭愧，若在今天我是不会以"小天使"带翅膀的男孩与"飞天"仙女比照，而应以同样会飞翔有翅膀的"胜利女神"与其相提并论。实为本人对西方文化艺术历史的缺失、知识结构的失衡所致。

东西方迥然不同的审美理念，却又有歧路同归的结果。最经典的例子是：欧美国家象征和平、友爱的希腊胜利女神，气宇不凡拖着长裙，背上长有飞禽般双翅，展翅欲飞地俯看前方，为人类传达爱与美的信息，满足了西方人追求"美、真"的视觉感官。

中国敦煌石窟壁画上姿态婀娜的"飞天"美女，她们不需要凭借任何体外条件在空中自由地飞舞。这是中国人心中吉祥的象征，丰富的想象力，是中国人传统"神思"的审美，内中蕴蓄着无尚的智慧与创意。

中外"女神"不同的形象,诉说着东西方人对和平、美好的想往,虽表述方式的不同但同为美的使者、相似的艺术形象,这是东西方对事物相同的认知。中国美学是表现美学,强调意象、意境的创造,重"意、境"的意象,也就有了空中自由飞翔的仙女"飞天";西方美学是再现美学,更重视"象"的坚实,强调模仿真实,注重典型人物形象的外在塑造,于是才有端庄美女背负双翅遨翔的"胜利女神"。

中外"女神""仙女"迥然不同的文化现象,实为不同审美感知的结果。西方美学认为视觉为人第一感觉;中国美学则以"应目、会心、畅神"的"悟"为特征。追求"诗情画意"美的盆景与再现自然状态美的盆栽,构建了各自不同的审美。西方美学重视主体的外在感知,特别是视觉感知,眼睛里坚实的形象,盆栽植物的造型一定是"真实"的自然。有如人体的绘画,西方艺术家注重的是人体比例,中国画则强调人的传神,写实性与写意性艺术的区别,中国盆景属于后者。

科学研究结果表明:中国人与西方人在视觉上有明显的差异,中西方人观察事物的区别,西方人只观看到最直接物的表象,而中国人不但要观看事物的表象还注意到主观察物的背后、周围,于是中国传统文化艺术表现出独特的关联性思维方式。这样的思维特征造就中国传统艺术如绘画创作,通过画面各景物之间的相互关联地组成全面的构图,这样的思维为中国画注入独特的透视原理、作者独特的观察视角与表达手法,完全不同于西方画。与中国画一脉相承的盆景艺术秉承这样的思维方式,于是有了盆中

景独特的空间意识，有了经树桩、配件、山石的有机组合而构成各元素间相互关照，相互呼应、对比的盆中造景，不同于直观的欧美盆栽。

"盆栽"与"盆景"形式与称谓的不同，有近百年盆景文化是经日本走向世界的原因，也是中外文化背景与理念不同的必然。《树供：盆景的世界》书扉页上印的文字今天重读，感觉应要再加些文字说明更妥些，原因是近年世界各国盆景界交流，让一些讹传澄清，让未知成为已知。比如：从日本同仁口中得知在日本大量流通着的基本造型，常见很有气势的各式三角型树冠的盆栽作品；同时也有为数众多，与中国盆景文化理念与技艺相通的原创性盆栽，在日本有着两种不同风格的盆栽艺术形式，从日本历届

日本盆栽　小林国雄作

"国风展"展出的作品，就会让人豁然明了。原创性极富禅意的日本盆栽，是很有孤寂感特质的艺术形式，体现日本人简约、质朴、平和、雅致的审美，追求心灵与树桩合一的具有深邃的文化内涵，成为禅宗文化的传承，融入大和民族文化的典范，为日本固有的盆栽艺术形式。三角形树冠盆栽为地栽树桩基本的造型，融入日本国民的审美情趣，也是基本流行的式样。地栽树桩典型的艺术形象利于盆栽文化向境外，特别向对盆中造景艺术知识甚少的欧美国家进行推广。

世界各地域的盆栽大多经由日本传播，带有日本精湛的技艺与明显的"大和"文化特征，例如作品表现出的孤寂美感，枯枝干制成舍利干、神枝的技艺在世界范围强势流行，在亚洲、欧美地区广受追捧。近年来，随着各民族文化的渗入与地域环境特点和对艺术形式的把握，不难发现三角形树冠造型的盆栽带有明显的时空局限。今日欧美国家盆栽风格不完全同于日本盆栽，它们带有明显地域文化和物种特征，形式艺术语言更显多样，更显地域特征和民族风格。

历史原因曾致使盆栽与盆景的文化交流甚少，对盆栽的认知可能是肤浅甚至是想当然的，自以为是地成了谬误。时过境迁，盆栽或盆景已今非昔比，遵从真实的现状，对讹传的认知应该纠正、应予正名，这是我们正在做的功课。关于"再现的艺术"和"表现艺术"概念的提出，想强调的是不同特征、不同理念艺术形式的创作手法及其结果的不同，全然为文化背景所致。盆景的艺术性特质，人精神产物的属性，有同中国书画创作理念一样的表

现艺术特征；盆栽尚存园艺性的艺术制作成分，与注重写实的西方绘画理念相通的再现艺术（不包括日本原创性盆栽）；不同民族文化背景差异的结果。

2014年，中国尊盆景收藏家藏品国家大展上，日本、韩国、新加坡、美国、英国、意大利、法国、印度尼西亚等国盆景同仁共聚一堂研讨盆栽艺术。在交流问答时我刻意向美国盆栽协会副会长提出一个很老道的话题：如何看待中国盆景的题名？提问的动机我也自觉有点"狡猾"，因为这样的问题已经有不少的议论，不是此场合的应当。刻意的原因是我记起十余年前的北京盆景艺术研究会曾邀请前美国盆栽协会原副会长交流时，被问过这个问题。记得当时他的回答：你们中国盆景有种要在作品中体现哲学思想的倾向，总要想表达某种思想，某个观念，而我们的盆栽制作只要是觉得好看就行，所以不题名。今天旧话重提，只是想对照美国同仁十年间对这观念的变化与否或变化程度，我的"明知故问"就是想亲耳听听同为美国盆栽协会副会长对同一提问回答的原话。聆听前后十余年的话语比照，让我感到自豪、欣慰，有一种惬意的快感。现任美国副会长是这样回答的：对于盆栽的题名，日本也有，我觉得很好，我们也在试着题名。同为美国盆栽协会副会长的不同直言，证实了"会飞女神"传递的是人类共同的理想，十余年间双方的艺术交流让盆景与盆栽文化渐行渐近。也折射出中国盆景影响力在扩大，世界范围认同了盆景发源于中国的史实；欧美盆栽内涵有向盆景转化的趋势，这是很欣慰的事。

盆景讲究表现诗情画意美，追求的是诗样的内涵、画般的意境，作品情与意的体现才是盆景的真谛，才有了以题名渲染意境的艺术行为。西方人很重视盆栽技法，刻意追求理想的树木造型，不太思考盆栽与人的思想关联。强调树桩造型的美，注意写实艺术价值与审美取向，十余年关于题名思想的变化很是了不起了。

汉字是表意文字，一字多义且以文学语言为主导，是一种诗性语言。通过字的辨析上升为审美的思考，通过语言内涵的延伸上升为哲理的思考。盆景的题名，是制作者言情明志的心理诉求，是中国人传统的思维方式。盆景的题名，借助典籍、典故的内涵，刻意而为地阐明作品的立意。这样的作法如中国古典园林的"题署"（包括楹联、匾额）；诗歌、戏曲、雕塑的名称；绘画、书法作品的落款、题、跋。题名差异的表象实质是文化的不对等，改善的手段是通过不断地交流，让对方了解中国盆景文化历史。汉字的盆景题名对于习惯拼音文字的西方同仁来说，首先要对盆景的艺术性特质有所了解，理解象形表意的汉字、成语故事和典故的内涵，唯有这样，才是文化对等意义上的艺术交流。美国诗人、汉学家费诺罗萨在《汉字作为诗歌媒介》中认为汉语"像大自然一样，是活的，有创造力的"，汉语"从视见之物过渡到了未见之物。这程序就是隐喻，利用物质的意象暗示非物质的关系。"美国汉学家对汉字的介绍，说明中外盆景同仁应借助语言的功能，对彼此文化进行相互的了解，借鉴交流。

"桔生淮南则为桔，生于淮北则为枳，叶徒相似，其实味不同，所以然者何？水土异也"。以此作为盆栽与盆景同异的论据，不知是否能够讲明白两者之间的区别与渊源背景，涉及的内容包

括艺术理念、哲学思想、美与审美等诸
多方面。如何实现中外盆景文化对等
的艺术交流，何时能像世界闻名的陶
瓷艺术那样，历经千余年的中西方文
化、贸易交易、交流，令世界各地域的
人们对陶瓷有着大致相同的认知，对陶
瓷艺术有大致相同的审美观和价值观，
如今面对一件陶瓷器具，从胎质、造
型、釉色、肌理等，中外行家都有相同
的评价。让世人认知中国盆景、掌握
技艺，首先要了解中国传统文化和艺
术美学，才可以实现文化对等的艺术
交流。

　　品味盆景（准确地说应为传统的盆
景）与盆栽（欧美盆栽更准确）的异同，
我曾试以海水与湖水、翠与石的形象来
比喻，作比较。面对盆栽抢眼夺目的外
在形象，很容易给人以海水、翠石的"性
格"联想；盆景的温润、细腻恰似平和
的湖水、玉石"性格"；翠与玉看多了
会发现，翠光亮色艳特显张扬，玉柔和
细腻很是内敛，很不一样的感受，石料
的品质；海与湖的比较很典型，海水无

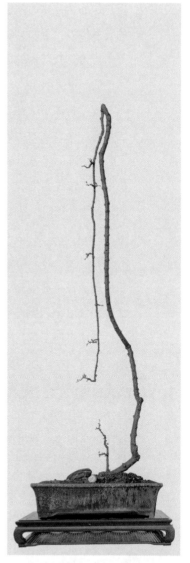

崔梅盆景　韩学年作

风三尺浪，有风则是汹涌澎湃，湖水风平浪静时波鳞万顷，有风也只是一波三起的，水面平缓。所以得出这样的认知：盆景作品重内涵讲意境，内敛不张扬，更似平和的湖水、润腻的玉石，盆栽则不同。其实无论海与湖、翠与玉的同与不同，都是一个星球上的水域和矿石，这是共性。盆中造景、盆中植物造型，也是共性。

中外艺术的比较，让我更觉得西方印象派绘画与中国传统水墨绘画是"近亲"的关系，这话题一直没与人"分享"，两种绘画在创作技法与思维的方式和艺术发展进程方面，都有惊人的相似之处。二者同样是依据作者对外部世界瞬间捕捉光影下景色的创作，不同的是中国绘画将所捕捉到的时空延续，将采风过程的若干个这样的"瞬间印象"累积、叠加成为一整体的"印象"。如同光影艺术的电影语言的"蒙太奇"效果，用光影叠化的方式，将多个时空的不同画面在同一时间闪现、重合、交融，绘出一个符合中国人审美欣赏习惯的更趋完整、完美的"印象"。传统的中国画用水与墨在宣纸的渗与涔，表现出的浓淡远近的艺术效果，创造出满足人们可以感触直抵内心到的感动。这样的艺术效果恰似采用各色油彩的涂抹而成，表现出层次感很强的油彩绘画一样的瞬间视觉"印象"，给人以一种曾经相识的感动。西方印象派画技与传统中国水墨画画法的内在关联比照，可以得出二者在艺术思维与创作效果相似之处，甚至是一致的结论。以中外名画作比照，中国绘画的写意性特征与西洋印象派绘画抽象性的默契：不同绘画理论的艺术实践，得出相同相似的艺术效果，以比较分析得出的结果：它是人类认识和表现外部世界的共识；各以擅长的艺术表达手法，不谋而合地创造着形式与效果雷同的艺术品，是人类文化历史艺术发展进程的必然。

这现象如同人类文明历史进程中陶瓷器的应用发展，世界各民族都有由陶到瓷，由低温瓷向高温瓷并又都有了釉瓷的陶瓷史。人类的巧工可以有先后、高低，最后的结果却是惊人的一致，这就人类认识世界、表达情感的必然。人类的艺术创作比如绘画、盆中造景还有其他艺术，还能有多大差异呢，应验了那句老话：越是民族的，越是世界的。如今在世界各地有了那么多形神差异的盆景、盆栽艺术，也是有它的理由的。当"飞天"遇上"胜利女神"，盆栽遇见盆景，于是"树供"的艺术形式与文化内涵，成为盆景与盆栽的文化交合。面对全球盆景文化现象，"树供"的文化认知自然是水到渠成的境界，还是用中国一句名言以蔽之：一切"顺其自然"。此与彼、彼与此的称谓，已经显得并不那么重要，引用著名现代艺术、文学大家丰子恺先生关于"顺其自然"的解释：顺应自然的发展，不去人为的干涉。

我的拙作《树供：盆景的世界》一书出版发行后即刻给李树华教授寄去一本。没几天我手机传来李教授充满激情的声音：书我看了，其中讲了许多我曾想过的，想说的……第二天上午响起李教授仍是充满热情的联系电话：我在饭店正在读你的书，书中你讲到园艺疗法，像是讲我在农大的试验……当天下午电话中又传来李教授洪亮的声音：您的书我基本上看完，说实话，很多的书我看到一半甚至三分之一就看不下去了，您的书我看完了。挚友两天三个电话，从他的语速与声调我已解读出了许多，心底有了些许的坦然。李教授诚挚热情的褒扬让我着实兴奋了许久，很感谢他的鼓励，也增强了我写作的信心。李树华教授是中国盆景界的学术权威，也是资深盆景人，他饲养的盆景初见规模，已二十年有余的盆景制作、养护历史，被评为北京市盆景艺术大师，中国盆景艺术家协会会刊学术总监、日本东京农业大学客座教授等社会职务。自《树供：盆景的世界》书稿投交出版社一直心怀忐忑的我，很期盼听到朋友的真言，李教授的电话让我心里一下有了感觉：第一部以文学形式写的盆景书，阐述以讲故事的方式盆景百科知识，终于有了回响，觅到知音。

对于写作者来说：出书最怕"泥牛入海"的尴尬局面，哪怕是反对的声音也是想听的，书在网上评论褒贬俱有，其中有一篇发表在"盆景艺术在线"的署名逸能的盆景同仁他在网上撰写的读后感，让我感动不已。他以《怀着一颗与之和弦的心读＜树供＞一书》为题目，写下两千余字的文章，文中他很谦恭地写道："我从十六岁见到盆景，只知此物为盆景。不知为何喜欢它，更不知它的来历和文化内涵。只知道照猫画虎般'玩'盆景。读《树供：盆景的世界》一书，你会走近盆景，多角度、多层次的去体悟盆景的精神世界。你会走进中国盆景艺术特有境界中。书中的很多观点、思略，值得关注和研讨……"深圳盆景同仁的肺腑之言，令我冷静、令我亢奋，默默回想着电脑中文稿已经变为白纸黑字的书籍，唯有惶恐不安。

关于"树木清供"一词，如未读全书的读者，我想要多说几句才行，因为《辞海》和各类词典都查不到这词。词的解释先从民族文化（中国美学的前提）讲起：首先农耕社会的汉民族对土地、对自然界的树有一种强烈的衣食住行依赖性，一种内向、保守的大陆性文化。在先人的生活意识中表现出强烈的"土地情结""树木情结"，居住行乐于林木间，有强烈对自然的生命体验"觉悟"。汉民族的树木崇拜情结，从公元前几千年先人们刻有植物图案的岩画中得到最好的注释。农耕民族崇尚自然的意识，是人与自然生命关系的本能，与赖以生存树木间的那种生死与共情怀，视树为"社树""神木"的自然"图腾"般的崇拜情结。农耕生活方式的华夏先民赖以为生的是树是林木，他们与树结下情缘，对提供他们衣食住行的树木有着"图腾"般的崇敬。居住山野的自然景观也在丰富人的生活情趣，培养农耕民族的道德情操和审美取向。这样的情结让"桃花源记"骈文、让"竹林七贤"的故事在华夏大地久远、广泛地流传且成为热切向往理想境界的社会思潮。文学著作的字里行间传递着古人在树木间行为的人生追求，士人的寄情林木，在长满树木的乐土上逍遥自在地自娱自乐，表明树林间成为他们追求自由自在理想的目的地。盆景艺术的诞生为之作了最好的诠释：植物景观已经在士人对自然审美中占有重要地位，盆中之景成为社会思潮的物化；盆中植物树木赋予人格寄托的意象，士人崇尚自然的审美情趣。

讨论盆景起源，一论据是浙江余姚发掘出 7000 年前河姆渡文化遗址出土一株 3 叶、一株 2 叶刻有叶脉的万年青陶块，另一论据是大汶口文化遗址出土有清晰树木纹样的陶尊。其实探究盆中造景文化的渊源，其历史沿革，面对相似的远古器物、图纹可否带给人这样的文化思考：我们的先人是在表达，他们所崇拜的、赖以为生的植物、树木的情感，是一种混沌的"树木情结"。陶器上树木纹饰我认为供奉的植物，类似"图腾"，原始"树木清供"形式与内涵，亦为盆景传承的原动力，人盆景的文化本质。前两年，曾经见过的一幅题名《消逝的故乡》的山水画，看后心中长时间弥漫着一种"灰色调"的情绪，挥之不去。画面是一座山林环抱的古村落，苍天古树华盖浓荫下劳作的农人、牲畜……祥和的画面与题名的注释，让人顿悟作者心声：人还在，昔时的景色已消逝。画作的"画外音"在告诉人们：树、古树在农人心里的分量，故土的记忆。树没了，消逝去的是生活的美，是人的精神依托。观画作唤起人无限的感慨与文化思考，这是艺术的力量；同时，也让我忆起江南民居墙头、石几、案桌常年放置盆景的场景，这是艺术的功能。

盆景的艺术属性，以美的具体形象唤起内心的感动达到赏心悦目的功能，刺激视觉感官取悦人的"心"，实现艺术美的享受。此盆中之物（植物、山石等）成为实现上述目的之载体，之媒介；视盆景为诗化的自然，即人与自然和谐关系的媒介，人通过盆中之物言情明志；盆景文化本质也就是深层面人与盆景与自然的关系，即盆景予人印象与感动的表述。笔者自认为，这是当今盆景美学研究课题，也是千年不断求索的课题。实质是在挖掘着盆景的生命力，两千年历史文化传承的渊源与民族文化背景。

语言学角度表意的汉字是具象的，"盆景"即盆中之景，树木盆景即盆中的树桩造型，内涵准确并形象具体。具象表述将复杂多样性的艺术现象难以涵盖，如树与石结合的水旱盆景、石上栽树的石树盆景类别归属不清，更不说形式与审美标准各异的树木盆景与山水盆景。称谓的狭义所致，过于具象的词义，往往引导人望文生义地去理解纷纭的艺术现象，不能给人以更多的想象空间，有剥夺了文化思考的可能。盆景历史上的"盆栽""盆玩""盆景"等称谓的演变，是该艺术历史不同阶段盆景美学的局限性。艺术进步带来称谓的变化，则表明对已有秩序的突破，以科学的态度为变化中的形式与内容重新定位，是新秩序的求索。"树供"一词，主要是指树木盆景与人的文化本质而言，即盆中树桩为人供奉的心仪之物，有类同"石供"（一种置于盆或几座中观赏石的艺术形式）的形式与内涵的表述。

　　盆景的美在于富含人的意志，实现物与人的"对话。人们置于庭园、案头、几架，清供的心仪之物，观赏、把玩。它是树木的象征，对盆中的树桩联想与想象出的树木或森林。在他们心目中：盆中的树桩象征着树木，也就象征着自然，一种被诗化了抽象的自然，人心中的自然；可以触摸到劲枝与柔叶，可以亲近的真实自然；人心目中清供的"树"，表现天地之大美。置于几案上的盆景，盆中树桩供奉至尊的文化内涵与艺术形式，国人千百年的传统。日本盆栽作家们亦有着同样的理解与表达方式。在日本国民的居所，壁龛原本是供奉神灵、先人牌位之处，盆栽艺术家和爱好者多将盆栽放入壁龛内，配与字画、香具等装饰物共同设置，赋予以盆栽顶礼膜拜的形式与地位，供奉他们心目中自然美与精神崇拜的化身。

供奉树木盆景在中国、在日本受到相同的礼遇，绝非巧合，恰恰表明两国人对盆景与盆栽有着相同的文化认知，二者同样承载着"物我合一"和"人与树共同成长"（日本盆栽几百年秉承的理念）的核心文化理念。可否以中日同仁共同心存"树木清供"情结的最高形式表达：盆景与盆栽的文化本质和艺术形式，传递出相同的审美与价值取向，人对树木、对自然的敬畏与钟爱之情。

我关注，不同地域盆景与盆栽艺术的异同，是因为从中会得到超越盆景范畴之外的东西。不同民族文化艺术的比较，往往会带给思想飞跃与情感的满足，会有了各自文化的认知或通晓，皆兼收并蓄地化入自我，历史的经验。人有欲望且付诸行动，会产生想不到的收获，比如说《树供：盆景的世界》书稿的完成。记

[日本] 壁龛内盆栽 小林国雄作

得一位诺贝尔文学奖获得者言：作家写作是因不满足语言和现状。回忆当初我写"树供"两字，其实就是以为"盆景"一词有些具象地自觉"不解渴"潜意识使然，或换着从文化的"立场"释义。《树供：盆景的世界》一书曾荣获"中国第八届花卉园艺博览会"出版物银奖，我用所获奖金向全国包括北京林业大学在内的五所农林高校图书馆捐赠拙作，他们送给我的"捐赠证书"我也一直珍藏，自以为功德之事。

伺养盆景是一种生活方式

　　两年前我应李树华教授之邀与其所教的清华大学景观学研究生们座谈盆景，会议室坐满他的学生包括其曾任中国农业大学博士生导师时的弟子二十多人，我带去新作《树供：盆景的世界》送他们。李教授对盆景的热衷溢于言表，让我为之感动，也明了他的良苦用心。关于盆景，我讲了"学技先学文"的话题，文指文理，即盆景文化理论与技艺，可谓文理通，一通百通。我们讲技法是制作的手段，心中有无章法（文理）是个人艺术成熟与否的标志；讲了学会盆景技艺对于景观设计的益处多多的话题。有了那次与清华学子们面对面交流的经历，才有了本章要讲的话题。

　　我首先要说"盆景你会的"，前提是你在动手制作盆景前一定要明白基本的盆景理论知识，也就是要通文理。就是要明白盆景予人的文化本质；要明白盆景的审美理想是什么；要明白盆景美在何处以及欣赏方式；要知道盆景艺术演变的文化史；最后是要全面掌握制作的技法和盆景"画外功"的知识等。

多年前我曾在《中国花卉报》以《盆景进步理论当先》为题撰文，一直认为理论的苍白或滞后，是无法推动艺术的进步，文中讲的是业界也包括个人，为盆景的制作强调人的艺术修养特征所决定，唯此为大。我认为，一个盆景人如果不清楚该艺术形式的基本理念，不会有大的发展。这让我记起日本盆栽大师、中国盆景艺术家协会国际顾问、中国西北农林科技大学客座教授森前诚二先生关于盆景文化的思考，他讲："何谓盆景？何谓生动风趣生机勃勃？若是不知晓这种对于盆景真正美的感受的话，这种培养也只不过是一种"园艺"。全然大师静观业内外、国内外真实现状，有感而发肺腑之言的道白与忠告。

大师所言的道理是盆景的艺术性特质所决定，盆景是人与外部世界即由外在感官的"目视"，上升至内心的"神遇"，这样的认知过程。其实质为人心目中"名山不在典型存"的认知，即对自然印象的艺术表现，为盆景制作的心理"路径"。

这样的认知，可借鉴"庖丁解牛"的典故作释说，庖丁释刀对曰："臣之所好道也，进乎技矣。始臣之解牛之时，所见无非牛者；三年之后，未尝见全牛也。方今之时，臣以神遇而不以目视，官知止而神欲行。"讲的是屠牛者庖丁最初屠解牛时是用眼睛去认识牛身的各部位，在头脑中积累起牛体各部位的感性印象。三年后他对牛身的整体结构了如指掌，其感性认识经长时的积淀已上升至理性直觉，此时他宰牛已不以"目视"，是依心中所思所想地游刃有余。这样一个由初始的局部观察至整体的了解，至最终"内化"

在心里的认识过程。这里，主体（庖丁）对客体（牛）零距离的认识、把握已经达到"随心而欲"的境界，他是建立在对牛不断的了解，最终以"神遇"即内心全面了解对象的结果。

"庖丁解牛"典故是文人眼里的屠夫行为，讲的是艺术是依"心"动而创作的道理，生动形象的比喻。讲的是人的感性印象与理性认知相互间的转化，这是世间任何事物的认识过程。人对自然的认识，是由众多自然景观印象的积累沉淀，达到世界已在"心"中的境界。对自然美景由衷感动印象的叠加，逐渐构成对大千世界的了解，由感性认知上升至理性的了解。目视至"神遇"地化入自然的意识，此时"自然"已在吾心中，抵达"物我合一"的佳境，为艺术理想的追求。

盆景情景交融的"诗情画意"意境美为最高境界，人生命体验"悟"的结果，"悟"与"境"联系在一起，审美的"悟"伴着境界的产生。面对盆景的形与势与态与色，凭借情与理辩证相生的认识，调动了人的联想与想象力，眼前实境与意念中虚境、情与景的相交融，派生出超越感性具体，进入物我贯通的艺术化境。

我用"伺养"予盆景，以为生命的关照，"伺"有守候、服伺的意思，即照料护养的内容。对无声、不可移动生命，带给人美与自由享受的树桩、苔藓，唯有以"伺养"才好，才妥。如此的艺术特质，注定带给人特定的生活方式。

盆景宜"静观孤赏"，讲的是品鉴欣赏的方式，可以讲是制作的前提。只有会看了，才会心无旁骛地"轻车"，多作才能"熟路"，"轻车熟路"才可行得快，所以培育盆景品鉴能力是初学者必须具备的。

要学会用眼观，即观赏盆景的形象美，观赏作品创意、属性与类型，区分树种，选材，观赏树桩根、茎、叶、花、果的形态与健康，长势的技术含量；综合起来讲，远观有夺人眼球的势，线条默契，结构协调、韵律感的整体美。细观有巧工之美技法。用心品，依个人的阅历、素养、情感，运用联想、想象的心理活动，体验艺术的品位、作者的品位。在理解创意的基础上扩充、丰富作品的内涵，为再创作的审美活动，达到审美主客"共鸣"。用意悟，为"觉悟"的情感体验，直觉的把握。通过盆景的形象与氛围，题名等带给人的"妙悟"，即体验内中的"意境美"，感受彼与此。即物我移情地感悟"意象"，悟出人生、历史、宇宙，哲理的"神思"直抵"意境"。

盆景制作依据"意在笔先"的制作原则，"意"即人依对客体的审美感兴而生的"意象"，即"生意"，为盆景的灵魂。"意象"又分为"物象"和"心象"，心象即"意"，人的感性印象，物象是目视中的具体形象。唯有意与物象相"撞击"，才会"触景生情"地产生创意。作者依据脑中存储的众多树桩形象，游历过，记忆中的山山水水、一林一木，为"物象"，因审美勃兴萌生的印象为"心象"。通过"物象""心象"的有机结合，生成整体性、多义性和独创性的"意象"。盆景制作因"生意"，拟出心中盆中之景的形象，称之为"腹稿"，依据"腹稿"开展制作。

盆景追求"雅趣"的审美理想，令制作依"雅"的意趣寻物、造景与题名。树木盆景的制作初始，是"依木生意"地经对原坯树桩展开"相面"，以艺术的眼光对树桩鉴赏与审视，由此及彼地联想到见过古树、大树或绘画、诗词中的树木、森林，遂"生意"地想象出拟制作树桩美的树相，一种混沌美的憧憬。

树木盆景的制作初始，了解树的"性格"美很重要，如：松柏类的苍劲古朴、柳树的婀娜、榕树的飘逸等。"性格决定命运"讲的是人，我想树桩也基本适用，作品欲表达古拙美或孤寂美或阴柔美，是要看树桩的"性格"是否相宜。面对树桩依臆想出表达盆中树桩呈"雅趣"的树相，依照创意（也称"腹稿"）动手。造景也可以是"依意寻木"地依照心中已有树桩的树相，寻觅遂意的坯桩。"按图索骥"刻意寻找的树坯，动手前用笔勾勒出欲造"树"的大致形象，据"腹稿"或草图制作想象的树桩。应该讲，无论是"依木生意"还是"依意寻木"的制作方式，其核心是要"生意"，有了审美感兴的"意象"也就有"腹稿"，有了"蓝图"般的创意，即可"意在笔先"地开展艺术行为，这是盆景制作基本的脉络。

树木盆景用树桩多选择枝密叶细、姿态多样或花果艳丽，还要具有萌芽性强、耐修剪、寿命长生物特征者，在中国大约有200余种树木适用。一般分为两类，松柏类和杂木类，后者又细分有观叶、观花、观果、藤蔓类等多种。盆景人会审视不同树种原生的固有姿态，因材施技地开掘各树种的特色，注入个人的喜好地制成风格各异的树木盆景。松柏类树桩是制作盆景的极好树材料，可以制作高品质的精品，其制作、养护有较高要求，建议初学者可在积累了一定养护经验后再伺养为好。

树木盆景分别有单株、双株和丛林等式样的树桩类型，树桩造型包括有直干式、斜干式、曲干式、临水式、悬崖式、附石式及风动式等形式。两株以上合栽一盆为丛林式，也可营造密林、疏林、远林等形式。

　　盆钵中树桩制作多样式的枝干，通过根、干、枝、叶在主与次、大与小、露与藏、明与暗、曲与直、疏与密、聚与散、高与低、重与轻、正与斜、起与伏、开与合、动与静、刚与柔、平与奇、阴与阳、势与态的艺术处理，形成错落有致的典型树桩造型。树桩根与干、枝与叶的开合启承、起伏与旋转生动的韵律，就是节奏感的形成。盆中树桩、形象地传递作者心智的为成功。

　　树桩制作技法包括制作与养护两方面，制作有技干的缚扎、牵引、修剪及选盆、植苔、题名等。养护包括浇水、施肥、光照及枝芽的取舍等。唯有精道的技法方可生出符合笔先之"意"的

福建茶盆景　苏义吉作

盆中造景。观大师作品，细端详树桩枝杈、叶芽间每一步骤留下的锯与剪子痕迹，你定会明了其中的"秘技"。鉴于各地方气候、环境的差异，建议多采用当地常见的树种，也称乡土树种作盆中树桩。优点是其适应性强，养殖成活率高，养护较易。盆景的制作周期长，尽量选择寿命长的树种，寿命长短决定收藏价值大小。

中国人予山石有特殊的偏爱，古人论石以"山无石不奇，水无石不清，园无石不秀，室无石不雅。"可见一斑，以山石为自然山水的象征，山石崇拜情结的体现。仅以树木盆景为例，配石应依欲表达的"意"来塑造景致与营造雅趣。至于选择硬质或松质山石看"石感"，如何雕凿石的形与势看"构图"，布置石头的位置与数目看"景色"，如此这般地或突出山石或衬托树桩的盆景，作品才会耐琢磨、有看头。

山水盆景、水旱盆景和山石盆景统称：山水盆景，其中水旱盆景是山水盆景与树木盆景的相结合的形式，内容更丰富，趋于更完美的"画面"。山水盆景创作理念更多借鉴中国画论的艺术特征，比如山的画法："平远式"、"高远式"、"深远式"的山论三远法，成功地运用在各式山水盆景。读中国画理论经典书籍《芥子园画谱》，你会从山石的布局看出其中的奥妙，对于山水、山石盆景创作很有指导意义。

盆景奉行"虽由人作，宛自天开"的理念，施技法于树桩造型的制作，又要表现"自然"本色的技艺。盆景制作为巧工，又要"淡化"人工痕迹。施技法于树桩造景，为追求作品具备"自然美""艺术美""整体美"与"意境美"的手段而已。对盆中树桩的造型，

山水盆景　刘宗仁作

依景选盆、配件的置设、几架的选择、依意境题名的全过程，为
盆景风格的把握、作者艺术品位的体现。

　　盆景盆钵典型的形式与功能，已成独具审美价值的器具，
千百年的应用赋予盆器深厚的文化内涵，成为盆景重要构成。在
明清代坊间有赏玩盆器的昵称"盆玩"。盆景制作基本为"依景选
盆"的模式，即完成造型的树桩，选用合适的盆器栽种、养护。"依
景选盆"的原则，依据已造出的景，依臆想出的盆景意象，作为
挑选盆钵的依据。根据树桩的形式和作品的风格选择用深盆、浅盆、
低盆、高盆、方盆、圆盆或异型盆。盆钵质地对栽种植物生长习
性的影响应予以考虑，一般讲松柏类宜用紫砂陶盆；杂木类有用
釉陶盆；微型适用釉陶盆或紫砂盆；特大型可用凿石盆或水泥盆；
观花、观果类宜采用泥盆。盆景讲究盆与景"珠联璧合"地表达意象，

"石上疏林"卢乃骅作

故盆钵是要选择的。

　　盆景配件也称摆件，是盆景的组成，起到景致组合和引发主题的作用。配件多为陶瓷材质也有石材、金属制成的人和物件，尺寸不一，适用于各种盆景。配件大有近尺，更多是两三寸，小至半寸。其中，建筑物有桥、亭、茅屋、房舍和中、外的塔等；古今人物有读书者、对弈者、练武者、渔翁等；住行器具有船和车、桌、椅等；各种动物有耕牛、马匹、仙鹤、骆驼等。自己动手制作或借用其它物件包括玩具可能更贴切、更有新意，笔者曾用工艺品微型竹椅置于盆景中，借题名"人去意犹存"，示意人虽离开，人在院落的意境在。

　　盆景配件的应用与中国画出现人或物的创意，可谓异曲同工。

中国画中所表现出的荣衰与冷暖画意，皆作者主观情感的表达，盆景如是。盆景借助配件营造出特定的艺术氛围，人或物配件，是作者心目中的天、地、人间、"我"或"他"的化身。配件作为盆景的语言符号之一，称之"配件""摆件"总觉得不足以表明它在景中的作用与地位，显得有些不够"分量"。可否称为"置件"？置有设立的解释，我认为更贴切些。几十年的习惯称谓，只是感觉意犹未尽。

上乘的盆景要有好的托架，方表现出高雅品位，托架的款式、作工的精巧要与盆与景相匹配。托架因环境而不同，室外多用石材制成，室内多为木制款式与纹饰，如：圆座、弯腿座、莲花座、

微型盆景博古架　林三和作

几式座及天然树根状等。微型盆景多用博古架彰显精巧姿态美，器形有屋形架、竹节形架、书卷头形架等。博古架将空间分隔成多层高低错落、大小不一的格层。

盆景有题名的传统，作品完成或依事先萌生的"意"，作者有感而发地一语道出盆景的"画意"或"诗情"。题名作为盆景的构成元素和语言符号，对作品有"画龙点睛"之功效。烘托作品的意境、达到言情明志作用的功能；在作品与欣赏者之间架起沟通的桥梁，有助唤起审美主客体间的"共鸣"。

盆景讲究一景、二盆、三托架三位一体或有题名的四位一体，盆景四要素相得益彰融于一体，物种与形态的选择与制作造型、盆与托架的搭配、题名的"扣题"及配件的恰当应用等多艺术元素的融会贯通，方可呈现作品的"整体美"。

说说盆景规格标准，依目前展示评比的通用规定，按树桩尺寸的标准（作品树桩顶端距盆面）分别为大、中、小和微型几类。其中树木盆景高度超大型 120 厘米以上，大型 90~120 厘米，中型为 50~80 厘米，小型在 16~50 厘米；山水盆景、水旱盆景以盆长计算，标准数据同前；微型盆景包括树木、山水、水旱盆景的盆长在 16 厘米以下，不独立展示，多采用博古架的组合形式。

我说："盆景你会的"话的另一层意思，是我了解到在国内外还有另外类型的盆景，取名"近代盆栽"或"现代盆景"的大量创新形式，如日本的苔藓盆景、印度的配有雕塑组合的盆栽……我手中有两本书，《现代盆景制作与赏析》及《现代盆景制作与赏析（第二版）》可供参考，书是我与北京市盆景艺术大师、科普作家马文其先生共同编著。书中图文你看过后，可能会有跃跃欲试的冲动，因其中所讲的理念与制作技法距你不远。

现代盆景称谓，让人联想到现代舞、现代戏剧、现代装置艺术等艺术门类。现代盆景有：砚式盆景、艺景盆景、挂壁盆景、装置盆景、雾化盆景、随形盆景、戏文盆景、酒瓶盆景等类型。艺术形式的多元性使之调动了更多的素材和应用材料，创造出更多的形式。以山石为盆、紫砂壶为盆，戏文为景，雅石为景以及各类天然、造型盆体、生活器具等的应用，丰富了盆景艺术语言。

现代盆景作品实现了"盆也景，景也盆"，盆与景相互融合表达创意的美学特征。盆体以固有的符号语言为盆景作品注释了时代、环境、地域等诸多的背景内容。实现"依盆造景"的创作模式，起到引领创作的功能。盆体以独特的符号语言，在作品与创作者、欣赏者之间架起沟通的桥梁，构建现代意象美与审美。盆钵固有概念下的造景创作，具象的外观犹如"标题音乐"，起到注释作品背景的作用。

现代盆景突显图式的效果，盆与景的融会贯通，相得益彰地构成强烈的装饰性画面。技艺趋于便捷，对艺术素材和材料如盆钵、山石、树桩的要求放宽，幼桩也可造景，养护方便、创作周期缩短。

据盆景学教授彭春生先生统计，近三十年来有二十八种之多的盆景创新形式。包括天然石盆盆景，指采用天然形成或稍事加工成盆器状的各种类山石材料器具为盆钵。天然石盆品类常见的有云盆、鸡骨石盆、火山岩盆等石材自然形成或雕凿而成的盆器。溶洞岩浆滴落凝集而成的云盆，盆钵边缘曲折，流畅有如天空的浮云而得名，为天然石盆中上品。鸡骨石盆石质较硬，纹理呈纵横交叉状似鸡骨，河北承德、浙江等地有产。鸡骨石有较弱的吸水性，纹理较粗，透气性好，适宜作中大型盆景用盆钵。火山岩石质坚硬，表面多孔多洞，易凿制成盆钵。天然石料形成盆状或稍加雕凿成盆器，制成盆景天然成趣。山石盆景与造型树桩"天设地造"突显天然谐趣、别有洞天的意境美。

砚式盆景顾名思义，将盆钵制成仿砚台的形状，通常用汉白玉石、大理石切割成板状内凹盛土槽，不规则外形盆钵的造景。盆钵的外观多曲线，如行云流水般圆润；营造出典型的景观如河滩、湖畔或山埂；砚式盆景因石材板盆内所盛土壤少，日常养护较难，植物尽量选用根系发达，枝叶较小，生命力强的树桩，宜成活。

雾化盆景是盆景艺术与现代技术结合的产物，采用超声波水

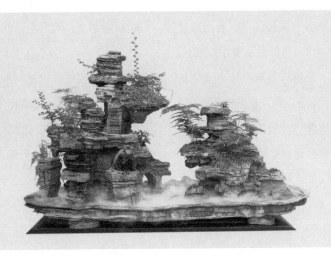

雾化盆景　韩长生作

雾化营造空间雾气，制成云雾山野的动态美景。雾化山水盆景具有湖光山色的艺术美，雾化水汽，有空气加湿的功能。雾化山水盆景将融合山峰、江湖、林木间云雾缭绕的"画面"，使景色变得扑朔迷离，犹如仙境般平添了动态的韵味，欣赏视觉美感享受空气宜人的环境。

随形盆景指采用陶瓷或易加工材质制成形式无规则的简洁外观，依据造景空间尺寸形状、大小各异盆钵制作成有个性的艺术品。外观与色彩随意，无一定规则，表达出向周围空间自由延伸意识的盆钵。

微型盆景是以盆钵直径5厘米以上，树桩在15厘米以下（以植物出土部分计算）的盆景作品。微型树木利用嫁接、扦插、压条等方法或野外掘取小树木，经过缚扎、修剪、提根，加工以精巧玲珑见长。微型盆景的展示是集中陈列博古架上。盆钵也多采用紫砂小盆和汉白玉石浅口盆等。平时宜将盆埋入湿沙中，为浇透水也可将其放入盆水中浸润。

立屏式盆景又称立式盆景。利用浅口盆、石板或者塑料板作盆，固定在竖立在特制的几架上，在盆面粘贴山石，栽种花草树木，构成立体画与雕塑美感的盆景形式。立屏式盆景的几架与盆钵二者相得益彰才显情趣。有树木和山水立屏式，依盆形分若干款式，如圆形、扇形、椭圆形，选用浅口石盆做立屏，将树根自立屏预留孔穿过，固定在石板上的瓦盆中。山水盆景的创作，粘贴石料并植的小树桩和草或苔、山石在形状、大小适作"画板"的石屏。盆面空白处书写篆刻题名、落款、印痕，浑然一体。

　　艺景盆景是指采用"艺景盆"盆钵的造景,表达人文景观的美。艺景盆是仿照人文景观具象外形与色彩制作的盆钵如:"四合院艺景盆""长城组合艺景盆""梯田艺景盆"等,曾获中国花卉园艺博览会优秀奖。艺景盆景据盆钵特定概念,由盆的"意象"注释背景地共同完成造景。盆钵独特的形态与内涵,决定了艺景盆景的"依盆造景","依盆造景"的技艺,为初学者和缺少盆景理论的爱好者,降低了入学盆景的门槛。

　　中国盆景艺术大师韩学年先生在第六届全国盆景展评获得金奖作品"适者",一株枝繁叶茂、盘根错节的榕树盘桓于一段参差不齐残垣断壁上的盆景佳作,满眼绿意的榕树、朴拙无华的砖墙一隅,创造出盆景贴进生活的画面,道出"物竞天择,适者生存"的哲理。面对妙趣横生佳作,具有装置盆景艺术的理念。它的成功有赖于对生活现成品意象和所处时代的关联,有赖于对社会规

"梯田"艺景盆景　石万钦作

"适者"韩学年作

则、生活意象和习惯性的社会反思和批判性，艺术大众性特征。

观装置艺术作品，梳理出其文化理念，所有材料与表达手法司空见惯，创意随心而动。生活日用品、工业品注入艺术生命，栽培植物创造体现现代意象的盆景。罗丹说过："发现了生活中的美，也就有了艺术。"于是有了在笔筒、酒瓶、紫砂壶中栽植树桩成景。盆景从未如此地近在眼前，贴近寻常百姓家，生活中充满了艺术。

生活与艺术联姻，多元的艺术元素，采用夸张、写真、浪漫风格的制作技法，实现现代艺术理念在盆景上的阐述。"适者"的例子：在榕树故乡随处可见"飞榕"附山石、墙体，凭借艺术的慧眼把参差的断墙、盘虬附着的劲根、蜿蜒飞动的树冠融为一体，成为艺术品。作品带给人视觉的震撼，构成了对传统艺术反诘，冠以"装置盆景"称谓的理由。

苔藓盆景：铺就苔藓饰大地，满盆奇魄皆绿意，制作苔藓盆景所用苔藓可以采集也可自己繁殖，苔藓生命力很强，注意空气湿度和浇水就行了。盆面满布青苔一派绿茵茵、朴雅无华的"面孔"，带给人美的憧憬，是田野，是绿地，是禾苗，是草场……

草木类盆景采用草类或小苗木制作盆景，幼树苗、草本花草、宿根类植物皆可，渐成城市人新宠。草木类盆景有取材丰富、形式多样、意境独特、装饰性强、制作养护便捷等诸多优势。

现代盆景尚有以雅石为主体的"石景盆景"，有"贝壳盆景""紫砂壶盆景""酒瓶盆景"，以及微缩的"园林盆景"，仿名园、名胜地经典景观的掌中旱石盆景。现代盆景艺术调动各种素材，体现自由、自在彰显个性化艺术风格，有追求现代意象、体现时尚的共性。受现代艺术大环境的影响，以"盆景可以作这样，也不仅可以作成这样"的文化理念，培养着"现代盆景"的审美。

现代盆景为传统盆景的艺术传承，调动现代意象文化元素的艺术创新，满足个性化的审美追求。艺术的传承包括创新精神的传承，盆景学教授彭春生先生的教学与艺术生涯就是典范。他是中国盆景艺术家协会与北京盆景协会创办人之一，北京市盆景艺术大师、北京林业大学研究生导师，是全国农林高校《盆景学》教材的首创人。他多年来陆续研发现代草书盆景、加气砖块雕绘山水盆景和树状月季等，艺术创新不断；他编著出版各类书有四十余种，可谓著作等身；近年的共事，让我有机会向前辈学习与合作，共同编著出版多部书，包括《一颗种子的幸福生活》丛书、《现代盆景制作与赏析》等书；教授的诗人气质（出有诗集）与学者风范，集严谨与浪漫于一身，他对盆景教学执着、严谨，为人师表；对艺术激情求索，笔耕不辍；待人热忱、率真，倍受尊敬的长者。我们俩见面总有聊不完的话题，他是我很敬重的老师、前辈，亦为盆景艺术传承与创新的楷模。

　　盆景要求有"画外功"的学养,有盆景制作与欣赏的基本素养。包括古典园林、中国画、诗词、雕塑和园艺、植物学等方面基本知识,强调作者对人文与自然知识的了解,对诸传统艺术审美的把握。与传统艺术文脉相承的盆景审美讲内功、讲品位、讲气韵,即作品要有精湛的技艺,形、势、态均要细腻、精准;要气韵生动、耐看、含蓄、格调清隽,给人气势与韵味的感动;有经典的技艺,创造出独到的造型、个性的技法和相匹配的几架、配件和点睛之笔的题名;领略盆景之美,人会崇尚雅趣,追求崇高、"大度"地营造有情趣的生活细节;因此人会约束与"美"与"大自然"不和谐的行为。饲养盆景有美化环境、陶冶情趣的功效,以"阳春白雪"的艺术品位,培养着人悠然风雅的生活品位。这样的收益源于盆景的艺术品收藏特性,为人积蓄学养的内功力修炼,怡情养性、勤学巧思、致远宁静的生活方式,亦为盆景的"时间艺术"特征。

　　盆景千年来素以高雅的品位、高深的理论著称。历史上盆景技艺多在父子、师徒间传授,古代盆景专著也多被束之高阁。人们普遍对盆景望而却步地有了"距离感","仰视"盆景实为认知的误区。其实就艺术的性质而言,本来就有高精品与大众化、高雅性与平俗性、前瞻性与现实性、大制作与低成本的艺术类别之分,盆景也如是。初学者可由浅入深、由易到难循序渐进地动手制作,会带给你生活内容与方式的变化。今日盆景的盛况造就了艺术人才辈出,在展会、庭园、花卉市场、居室有了众多盆景精品佳作,并非出自名家、专业人士,着实令人刮目相看,有传递出现代意象的盆景新品不断涌现。其实只要你心里有创作盆景的欲念，学习相关知识，敢于动手制作、养护，就够了。讲了这许多盆景的话，其实我就是想说：盆景你会做的。

在大工业大数据的今天，人们已经成为机械的看管人，信息的搜索者。人的劳作因失去智慧的投入变得枯燥；因失去自由的制作变得乏味；因工作的单调重复变得轻浮；因追求效率变得功利……我要说：盆景的制作会让失去的得到补偿，变化的得到修复。盆景"手艺"的特性，让你尽享"美与自由"，情智的寄托和释放，生命价值感的获得。于是生活会充实、愉悦、富有成就感，盆景的伺养不失为当今时代另样生活方式的选择。

这让我想起二十余年前初涉盆景时自制闲章的经历，印谱"秋翁石印"的字和含义，实为意愿与心智的表达，亦为释放凝结多年的花木情结和对故事、对人性的好恶情感，全由观看一部依据《醒世恒言》书中"灌园叟晚逢花仙"文改编的影片《秋翁遇仙记》所致。

《秋翁遇仙记》电影的印象是强烈、深刻的，我由衷的向往，给了我一生的记忆：慈眉善目白发白冉的农家主人公，竹门楼、竹篱笆和草房围成的花圃；在盛开的花卉旁暖壶饮酒儿或是烹瓯茶儿向花作揖，浇奠并口称"花万岁"的"秋公"；园中争芳吐艳的各色花卉、大朵大朵盛开的牡丹花和树木编织出田园诗般的花匠生活；秋公与花为伴的生活触动了我敏感的神经，触到内心深处对人对事好恶的秉性和个人的性格气质；主人公诗情画意的生活，让我充满了对养花人浪漫生活的想往，秋翁善良、疾恶如仇的形象，令我着迷。我想是电影故事启动了我骨子里文化基因的

原故吧，引领我几十年来与不能言语、不会移动的植物的生命呵护和对美的追求、享受自由创作的生活方式。

从艺的经历让我想说：当你走近盆景，尝试着欣赏、制作、养护时，生活会向你打开另一扇大门。伺养盆景带给人的收获会因个人学养有异，但一定有收获。不管是终日手握剪刀、手提浇壶的园主巡检于满园绿意的盆景间，还是在居室伫立窗台、几案上的一两盆景前，盆中造景会培养你发现美的眼睛和心灵，手也灵巧起来，于是会不时有"爱神"的造访。呵护生命，面对树桩枝芽的萌动、长势的盛衰会充满爱心地细致入微，盆中树桩伺养久了，生活的情调也会随之改化，变得对大地万物精细、敏感，有了气定神闲的生命节奏；盆中景溢出的生动气韵，"呼吸"后神清气爽，人也变得大度、平和地摒弃平俗，向往遂心的自由制作与雅趣的追逐……收获了人生命的内核，最可贵的"美与自由"，人会怡然自得地徘徊于盆景周围。盆景艺术的文化交流，包括个人间、地域间、国际间的各类活动，会油然而生"爱与美"传播使者的意识，于是有了生命价值的认知，也就有了归属感。

艺术美育如春雨般浸入你的心田，对艺术的挚爱，让幸福感陪伴左右，于是有了故事，有了文化本质的思考，也称"顿悟"。因此，人会变得心满意足，会变得气定神闲。人改变了物，物也改变了人，盆景予人修身养性的教化，于是说：伺养盆景，为一种劳逸结合、逸趣横生、格调静雅的生活方式，在中国流传了千余年的时尚。

参考文献

REFERENCES

1. 李树华. 中国盆景文化史 [M]. 北京：中国林业出版社，2005.

2. 彭春生. 盆景学 [M]. 北京：中国林业出版社，1988.

3. 郑师渠. 中国传统文化漫谈 [M]. 北京：北京师范大学出版社，1990.

4. 朱良志. 真水无香 [M]. 北京：北京大学出版社，2009.

5. 曾宪烨，马文其. 盆景造型技艺图解（最新彩色版）[M]. 北京：中国林业出版社，2013.

6. 石万钦，马文其. 现代盆景制作与赏析（第二版）[M]. 北京：中国林业出版社，2013.

7. 石万钦. 树供：盆景的世界 [M]. 北京：中国林业出版社，2011.

8. 朱良志. 大音希声—妙悟的审美考察 [M]. 南昌：百花洲文艺出版社，2009.

9. 王平. 中西文化美学比较研究 [M]. 杭州：浙江工商大学出版社，2010.

10. 曹明君. 树桩盆景技艺图说 [M]. 北京：中国林业出版社，2010.

11. 陈从周. 梓翁说园 [M]. 北京：北京出版社，2004.

后记

　　一部新书的出版发行，一篇文章的发表，人们通常习惯于祝贺作者，但作者多有感触的是编辑的付出，不被过多关注甚至不知姓名的编辑，且不说他们煞费苦心对所编书稿度身定制的包装装饰，更重要的是他们要有慧眼识辨和组织策划书稿或文章的能力与胆识（政策与经济责任的担当），包括对著作、对作者的了解与把握，承担发行预测与市场需求的不确定风险。因此，我很敬重他们，视为知音、知己。也因此尊重他们默默付出后的任何结果，感谢友人的支持与帮助。

　　中国林业出版社环境园林分社社长何增明先生和资深编辑张华女士是我心怀诚挚致谢意的友人。

　　今日还要一并致谢刘少红先生，他曾担任《花木盆景》杂志社编辑室主任，是一位资深盆景编辑，因工作与其有过多年的交往，但未曾谋面的友人。

　　十年前在我主持工作的《盆景艺术研究》会刊上，安排了已故北京盆景艺术研究会秘书长、原《中国铁道报》编辑秦玉铭先生题为《文人树研究》的论文。文章刊出即被少红先生慧眼相中，来电予我，欲转载于《花木盆景》杂志。我认为这样一篇高质量的绝笔之作被全国发行的业内重要刊物登载，无疑是件大好事，于是欣然应允，只要求注明文稿出处，后该图文在《花木盆景》杂志上连载两期，对他的工作多有谢意。六年前我的长篇拙作《树供：盆景的世界》一书经中国林业出版社出版发行，即刻寄予少红编辑和杂志社。寄书目的有二，一是与他诸多交往事谢意的表达，一是有期待他对拙作的评说。不久，在散发着油墨香的《花木盆景》杂志上读到以《盆景的文学印象》为题的文章，同时互联网上也见到了他的相关评语的文字。回想往事至今非常感谢他的知音友情与支持，很期望我们的见面。

　　在本书稿中引用诸多盆景、美学、哲学、文学等各界专家学者文章、书籍中文字，在此一并致以崇敬和深深的谢意。特别要讲的是书中诸多精美照片的提供者——刘少红先生。应我的心愿他竭尽可能地帮助我完成书的写作，非常非常的感谢。

　　此书稿写完搁笔，我全无浑然解脱的快感，反而有写作内容与叙述方式是否妥当、书稿的题与文可否担当"使命"的疑虑。于是惶恐、纠结的念头时时袭来，内心热盼知音或是不同的声音的传递。我说过，对于写作者，没有什么比著说陷入"泥牛入海"的境遇更让人尴尬。非常期待就"十讲"讲稿中所言话题能有所反馈，希望通过"十讲"能让更多的人喜欢盆景并且动手制作；更期待能就议题引起更多人对盆景文化、对艺术美育的重视，并且有所担当地践行，当然也不仅指盆景艺术美育。热切希望全社会各艺术门类的工作者、爱好者共同努力，通过中国各传统艺术美学的教育，全面培育全民族崇尚高雅、朴素、大度的美学素养，共建我们民族的精神殿堂。现实真的是太需要了，也唯有艺术美育可以实现重任！

书稿中对盆景专业术语的遣词造句、中国传统文化语意的表述、原创性盆景作品的介绍以及历代有盆景内容中国古画的选择等方面作了努力的探索。

书中各讲系不同内容有侧重的阐述，为文的连贯性恐有文字重复之嫌见谅。文中多有探讨之处望诸君读者有以教我，不胜感谢。

石万钦

2017 年 12 月